高等教育数字媒体技术专业"十四五"校企合作系列教材

三维游戏建模实训教程

主　编　潘美莲　郭　涌

副主编　吴明珠　李和香　袁立宪　何飚绯

参　编　黄国伟　徐　腾　胡　君　谢增福　张　雪

U0278599

华中科技大学出版社

http://press.hust.edu.cn

中国·武汉

图书在版编目(CIP)数据

三维游戏建模实训教程/潘美莲，郭涌主编.—武汉：华中科技大学出版社，2023.10

ISBN 978-7-5772-0069-9

I.①三… Ⅱ.①潘… ②郭… Ⅲ.①三维动画软件-系统建模-教材 Ⅳ.①TP391.41

中国国家版本馆 CIP 数据核字(2023)第 203614 号

三维游戏建模实训教程 潘美莲 郭涌 主编

Sanwei Youxi Jianmo Shixun Jiaocheng

策划编辑：江 畅

责任编辑：刘姝甜

封面设计：孢 子

责任监印：朱 玢

出版发行：华中科技大学出版社(中国·武汉) 电话：(027)81321913

           武汉市东湖新技术开发区华工科技园 邮编：430223

录   排：武汉创易图文工作室

印   刷：武汉市洪林印务有限公司

开   本：889 mm×1194 mm 1/16

印   张：9.25

字   数：275 千字

版   次：2023 年 10 月第 1 版第 1 次印刷

定   价：59.00 元

前言
Preface

在数字化时代,技术创新和教育的结合成为推动社会进步的关键。面对全球化的挑战,我们需要培养具有科学理性和创新精神的人才。《三维游戏建模实训教程》正是在这一精神的指导下为数字媒体技术相关专业的学生编写的,旨在提供一个兼具实用性与前瞻性的学习载体。

本书致力于介绍先进的三维游戏建模技术,力求培养学生的创新能力和解决问题的能力。同时,本书具有数字化特点,学生通过扫描书中的二维码,可以观看书中案例的配套视频。编者相信,这种理论、实践与数字化相结合的教学方式,能够帮助学生掌握最新的技术,同时可培养学生的逻辑思维和创新思维。

编者也认识到,技术并不是孤立存在的,因此,本书不仅聚焦于技术技能的培养,还鼓励学生理解技术在不同场合(不同文化、不同市场)的应用,理解全球化背景下的各种需求。这一跨文化视角,将帮助学生在未来的职业生涯中更好地适应和创新。

编者期待,通过学习本书中的实训教程,学生不仅能够学习到先进的技术,更能培养起对社会负责的态度,认真思考如何利用技术创新来促进社会的可持续发展,为构建一个和谐、繁荣的社会贡献自己的力量。

编者希望每一位学生在未来的学习旅程中都能实现自我成长,成为技术精湛、具有社会责任感的专业人才,为社会的发展做出自己的贡献。

本书在编写过程中得到了广州冠岳网络科技有限公司的帮助,在此深表感谢,也感谢所有编写人员对本书付出的努力。由于时间仓促,书中错误不可避免,希望广大读者批评指正。

游戏道具 PBR 次时代钢刀　　　游戏道具 PBR 次时代钢刀　　　手绘游戏场景——崖边古松　　　手绘游戏场景——崖边古松
建模(视频教程)　　　　　　　建模(工程文件)　　　　　　　模型制作(视频教程)　　　　　模型制作(工程文件)

目录
Contents

第一部分

游戏产业
和三维建模
工具介绍

Sanwei Youxi Jianmo Shixun Jiaocheng

第一章
游戏产业概述

1.1
游戏产业的历史和发展

一、游戏硬件的发展

　　有关游戏硬件的发展,可以追溯到1961年。在那一年,三位顶尖的程序员——格拉兹、拉塞尔、考托克,在一台大型计算机上编写出了第一个电子游戏,他们为它取名《太空大战》。那个标志性的时刻,距今已经六十多年。从那时我们便进入了一个全新的数字娱乐时代。在半个多世纪的时间里,游戏的硬件已经发生了翻天覆地的变化,从最初的大型机房演变成家用游戏机,再到今天小巧便携的智能手机,未来可能会发展成更高科技的虚拟现实设备。游戏硬件的进步,极大地推动了游戏体验的发展,也改变了我们的娱乐观念和生活方式。(见图1-1)

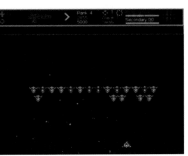

图1-1

续图 1-1

　　我们从硬件角度去审视游戏产业的演变过程,会发现,从最早的游戏主机到如今的设备,它们都维持了基本的组成部分,如图 1-2 所示:一个核心处理器,一个输入部分,一个输出部分,以及储存部分。核心处理器负责执行各种复杂的运算和数据处理;输入部分则负责让玩家与游戏进行交互;输出部分通常以显示界面的方式来呈现游戏的图像和音效;最后的储存部分则用来保存游戏数据和玩家的进度。随着技术的进步,这些基本组件的性能和效率都得到了巨大的提升,这使我们可以享受到更加复杂逼真的游戏体验,也使游戏的可能性被拓宽。以具有代表性的任天堂 FC 游戏机为例,其基础设计理念和主要组件仍然在今天的游戏主机设计领域中发挥着重要作用。基本组件的升级和优化,带动着游戏硬件的发展,不断推动游戏体验的革新。

图 1-2

如今,游戏主机的功能已经超越了其原有的定义,它已经发展为一种多媒体娱乐中心。许多游戏机都附带了增强功能,比如播放蓝光 DVD、MP3、MP4 等。这些增强的功能使游戏主机成了现代家庭娱乐系统的核心部分,不仅拓宽了受众群体范围,也提升了在家庭娱乐领域的市场占有率和影响力。(见图 1-3)

图 1-3

二、游戏软件的发展

游戏软件是一款游戏的核心载体,也是游戏设计理念的具体呈现,是玩家能够体验游戏乐趣的关键要素。没有精心设计的游戏软件作为支撑,游戏硬件的高端化也只能成为无用的空壳。游戏软件的发展和创新,一直是推动整个游戏产业进步的重要动力。(见图 1-4)

图 1-4

　　游戏软件的进步体现在其日益丰富和多样的内容,以及越来越精细和真实的表现。在早期,如《太空大战》这样的游戏,虽然画面单调、内容相对简单,但却开创了电子游戏的先河,奠定了后续发展的基础。世界上第一款电子游戏是在电子屏幕的基础上诞生的,随着计算机运算机能发展,后来的游戏能显示更多的颜色,能发出更多的声音效果,能够容纳更多的游戏剧情,等等。另外,后人在前人创意的基础上二次创作,使得游戏的内容变得越来越丰富。例如《鬼武者》系列和《最终幻想》系列(见图1-5),已经呈现出令人感叹的3D视觉效果,搭配使人感觉身临其境的音效。这样的进步,不仅展示了游戏软件的技术演进,也呈现了游戏制作人无限的创意和对优质游戏体验的追求。

图 1-5

　　如今的电子游戏,已经发展到了令人惊叹的真实度和细腻度,游戏操纵也从最简单的看、跳跃、移动发展到了通过辅助设备模拟人手的操作,这些进步不仅增强了游戏的互动性和真实感,也极大地优化了玩家的沉浸式体验。同时,游戏画面也变得越来越华丽和精致,无论是宏大的世界观、精美的角色设计,还是细腻的光影效果和逼真的物理模拟,都让人仿佛身临其境,深入到一个由数字构建的奇妙世界。这些创新都凸显了游戏软件发展的前所未有的高度,同时也为未来的可能性和挑战开辟了广阔的道路。

1.2 游戏产业的现状和趋势

一、游戏产业的现状

　　根据中国音数协游戏工委等发布的《2021年中国游戏产业报告》,2021年中国游戏用户规模保持稳定增长,用户规模达 6.66 亿人,同比增长 0.22%;同时,中国游戏市场实际销售收入达 2965.13 亿元,比 2020 年增加了 178.26 亿元,增长 6.40%。

经过飞速发展,中国的游戏产业已经实现了巨大的转变,从早期依赖进口和跟随国外市场的边缘状态,到如今已经成长为一条完整的产业链,实现了从游戏的创意、开发、生产到销售、营运以及对外出口等一系列活动的自主控制。这不仅体现了中国游戏产业的成熟和发展壮大,更展示了中国在全球游戏市场中的重要地位和影响力。

二、游戏产业的趋势

1. 游戏产业的多样化

中国的游戏产业如今已经发展壮大,其经济规模已经可以在互联网和创新创意领域傲视群雄,而且这个发展势头并未减缓,反而以令人震惊的速度持续扩大着市场规模、增加着整体销售额。这不仅是由于全球游戏市场的旺盛需求推动,更得益于中国游戏产业的持续创新和优化,以及不断提升的产业集聚效应和品牌影响力。这一切都预示着中国游戏产业未来将有更广阔的发展空间和更大的市场潜力。

除了市场已经较为成熟的传统客户端游戏和网页游戏,以及近年来推动行业持续繁荣的移动游戏外,新的游戏形态正在逐渐形成。特别是虚拟现实(VR)游戏和电子竞技这两大新兴领域,正以其创新的游戏体验和巨大的潜力,吸引了无数创业者和投资者的目光,已然成为游戏产业的新的增长引擎。云游戏比 VR、AR 游戏诞生更晚一些,它是以云计算为基础的一种游戏方式。在云游戏的运行模式下,所有游戏都在服务器端运行,并将渲染完毕后的游戏画面压缩后通过网络传送给用户。新的游戏形态为游戏产业注入了新的活力,也为社会创造了更多的经济价值和就业机会。(见图 1-6)

图 1-6

随着次时代游戏的发展,我们也看到了电视游戏机以外的其他游戏平台的快速崛起,其中,独立游戏开发的兴起尤为显眼。

独立游戏,如图 1-7 所示,也就是由个人或小团队制作的游戏。游戏行业如同电影行业,大型游戏的开发需要资金雄厚的发行商赞助,因此发行商对游戏有很大的决定权。大部分发行商不愿尝试创新,希望制作风险低、受大众欢迎的游戏,只要开发出一款成功的作品,接下来就会延续作品品牌继续推出资料片、扩展包等。独立游戏则不受太多的束缚,其独特的艺术风格、创新的游戏玩法以及深度的主题探讨,得到了玩家的热烈响应和行业内的高度认可。

图 1-7

不受大型游戏公司商业压力的约束,独立游戏开发者可以更大胆地尝试新的想法,不依托任何框架,从灵感和生活中抽取元素从头设计,给玩家带来全新的游戏体验。随着数字发行平台的普及,游戏发行无须借助实体介质,可通过互联网等在线方式进行。数字发行的适用对象通常是独立游戏产品,产品的可下载附加物通常被称为追加下载内容。独立游戏开发者也因此可以更方便地将他们的作品发布到全球,这进一步推动了独立游戏的快速发展。

总体来说,次时代游戏的发展不仅体现在游戏画质和玩法上的进步,也带动了游戏产业的多元化。游戏尤其是游戏周边产业的发展有其必然性。追求个性解放与自我意识觉醒的 90 后、00 后年轻群体基数庞大,一个游戏生态的正反馈循环也在形成,游戏产业注定会成为一个极其庞大的、市场容量难以估量的产业。各种游戏平台,包括独立游戏开发平台,也具有了巨大的发展空间和无限的可能。

2. 游戏产业的政策扶持

随着游戏产业的持续发展和壮大,政府机构对其保护和支持的力度也逐渐加大。游戏产业促进了经济发展,推动了技术创新,在创造就业机会方面具有重要性。

例如,许多国家和地区都出台了针对游戏产业的税收优惠政策,以降低相关企业的运营成本,并鼓励它们进行更多的研发投入。由于在游戏产业的产业链中既涉及销售货物,又与提供服务有关联,而在增值税的征缴中货物与服务之间存在一定的税率差,同时也可能存在特定的税收优惠政策,因此部分大型游戏企业进行了充分的税收筹划,以同时享受多项税收优惠政策。

扶持政策的出台,不仅有力地支持了游戏产业的发展,也为游戏企业创造了一个更为有利的发展环境。随着网络世界在近十年来的迅猛发展,"游戏"这一基于物质需求满足的,在特定时间、空间范围内遵循某种特定规则的,追求精神需求满足的社会行为方式,进入了前所未有的蓬勃发展期。政府在推动新兴产业发展、适应数字化时代的转变中,扮演着越来越重要的角色。

3. 游戏受众的多元化

游戏的主流受众,已经从过去的年轻男性扩大到更广泛的人群。这些人群不仅包括男性,还包括女性,不仅包括年轻人,还包括儿童和老年人。以往游戏被视为年轻男性的专属娱乐形式,但现在,游戏行业已经打破了性别、年龄和社会地位的界限,吸引了各种各样的玩家。

例如,《模拟人生》这款角色扮演游戏,见图 1-8,允许玩家在虚拟世界中创建和控制自己的角色,体验不同的生活情境,除了其销量令人咋舌以外,更因一系列突破而值得被铭记:不只是男性爱玩,它还抓住了众多女性玩家的心,另外,它是第一款对同性恋爱关系做出明确描述的主流游戏。它又被称为 20 世纪 90 年代美国的剪影,反映了时代精神。这是一个明显的例子,证明游戏不再仅仅是男性的领域,而是各个年龄层、不同性别的人们都能享受的娱乐方式。这种趋势预示着游戏行业的未来将更加开放,更加包容,更加多元化。

图 1-8

4. 游戏技术的进步与创新

现代游戏通过精细的建模、精准的光影处理以及高清的光学纹理处理等技术手段,令画质达到了可以说是再现现实世界的程度。但游戏技术并不会止步于此,现代主流游戏不仅在视觉上力求超于真实,也会

在内容玩法设计上尽可能反映现实世界的复杂性和多样性,比如在游戏中加入 NPC 对话系统、AI 行为模式、环境互动等,游戏开发者在尽力创造一个可以让玩家们沉浸其中的世界。这些技术,无论是在大型开放世界的角色扮演游戏,还是体育竞技游戏,或者是细致的模拟经营游戏里都适用,大大增强了游戏的可玩性。

1.3
游戏开发制作过程及其涉及的专业角色

一、游戏开发制作过程

　　一个游戏的开发是需要很多人合力完成的,可以说,游戏开发是一项需要多种技能和合作的复杂任务,需要经历多道程序。首先需要游戏策划编写作为世界观"打底"的故事线和角色设计,再由艺术家和设计师创造适合这个世界观的游戏视觉效果,最后由程序员们使用编程语言编写游戏的核心代码,让游戏世界可以在电子机器上运行。构建了大框架后,音效设计师将负责游戏的音乐和声效,调节出游戏世界独特的氛围。游戏初步成形后,游戏测试员将在其中找错误,以保证游戏的稳定性和可玩性。在这些技术方面之外,还需要一个项目经理负责行政工作,协调所有人员工作,保证游戏按计划完成。如果项目经理没有安排恰当,就会出现我们所说的"跳票"的情况。(见图 1-9)

图 1-9

　　当然,以上提到的只是游戏开发中所需要的最基本的专业人士,复杂的游戏可能需要更多的团队合作。对于一款大型的游戏来说,制作周期一般都为 3～5 年,开发周期长,开发团队庞大,每一部分需要精细分工,才能完成一款优秀的游戏作品。虽然一款游戏的开发团队人员从结构上来说划分很明确,但实际工作当中,策划组、美术组、程序组和测试组内具体的工作是需要交叉进行的。游戏制作团队的整体目标应当一致,需要在规定时间内,在降低游戏开发成本、控制开发风险等的同时制作出一款好的作品,并且提供给玩家优质且具有特点的游戏体验。

二、游戏开发涉及的专业角色

游戏开发的过程类似于拼图,需要具有不同技能和专业知识的人精密合作和分工协作。常见的专业角色如下。

(1)游戏策划。

游戏策划需要设计和规划游戏中所有的元素,包括游戏的核心玩法、游戏的操作流程、游玩机制甚至细微到角色行为和环境交互。如果将一款游戏比喻为一个有生理技能的人,那么游戏策划就是这个人的大脑,是灵魂。

游戏策划需深入理解玩家心理,精心设计出吸引玩家的游戏机制,处理好游戏的平衡性,即让玩家感到较为公平。当然,没有任何游戏是永远公平的,所以对游戏平衡性来说,所谓的公平只是一个广义概念。游戏策划的目标是打造出一个引人入胜的游戏世界,能让玩家沉浸其中,乐享游戏带来的快乐和刺激。游戏中的公平可能指的是同一起跑线,或是合适的难度曲线,或是一系列可行性均衡的种族与职业设定。

(2)游戏美术组。

游戏美术组负责与游戏视觉效果相关的素材制作,这些视觉元素会被整合进游戏软件中,相当于为游戏世界的人类塑造外貌和其他形象。角色设计、环境布局、用户界面、动画效果,等等,都是游戏美术组需要负责的。这些也是吸引用户的"第一爆点"。所以,游戏美术组不仅需要出色的绘画技巧,更重要的是要拥有创新的设计思维,并将创新思维与所负责游戏的设计理念充分结合。游戏美术组的目标是通过视觉艺术创造出一个独特、吸引人的游戏世界,使玩家在其中获得极致的视觉享受。(见图1-10)

图 1-10

(3)游戏程序员。

游戏程序员是实现游戏设计的关键角色,也是为游戏赋予规则的人。他们负责编写和优化代码,确保游戏软件的运行能够给玩家良好的游戏体验。按照我们之前将游戏比喻为一个人的比方,游戏程序员创造的代码就相当于这个人的生理系统,他们按照游戏策划(也就是大脑)发出的指令控制游戏的具体运行和功能表现。一个优秀的游戏程序员,需要具备深厚的编程技术和算法知识,能有效地解决游戏开发中的各种技术问题。他们也需要有先进的学习能力,以适应游戏行业日新月异的技术变化。他们的目标是在技术层

面实现游戏设计的初衷理念,打造出稳定流畅、富有互动性的游戏。(见图 1-11)

图 1-11

(4)音效设计师。

如果将游戏比喻为一个人,音效设计师创造的就相当于是这个人的声带系统。音效设计师在游戏开发中负责处理游戏中的各种音频效果,包括角色语音、特效声音、环境背景音乐以及任何其他的声音元素。音效设计师需要深入理解一款游戏的情感需求,再通过音乐打造出独特的声音氛围,他们的工作不仅仅是制作声音,更重要的是贴合游戏世界,为游戏世界添加深度,传递游戏情绪,提高玩家的沉浸感。(见图 1-12)

图 1-12

(5)游戏测试员。

游戏测试员虽然没有投入到游戏世界观的构建中,但是他们在游戏外扮演了至关重要的角色,他们的工作比一般的软件测试更为复杂。他们不仅要确保游戏软件能稳定运行,还要检查游戏的内容是否有逻辑错误,玩法是否合理,最终能否达到游戏的设计目标。游戏测试工作需要高强度、深入探索游戏的每一个角落,所以需要极高的细心度和耐心,并且要有良好的游戏感知,随时发现可能会影响玩家体验的细节问题。另外,游戏测试员还要具备一定的沟通能力,可以将发现的问题清晰地反馈给开发团队,以便开发团队随时修复这些问题。玩家能得到毫无缺陷的游戏体验,离不开游戏测试员的细致工作。

1.4
三维建模对游戏制作的影响

一、三维建模的作用

通常在游戏开发的生产阶段中会使用到三维建模,然而这并不意味着三维建模的影响局限在开发阶段,事实上它在整个游戏的开发过程中都发挥着重要作用,对于游戏的视觉效果、用户体验乃至整个游戏世界的构建都有举足轻重的作用。

在游戏前期的设计阶段里,三维建模通常被用于概念化和视觉化辅助,游戏设计师将他们的创新思想转化为可视化图像,帮助设计团队更加清晰地理解设计理念。

进入游戏正式生产阶段之后,三维建模会成为游戏开发的核心环节。现在的游戏角色通常都是利用三维建模技术打造的,这样可以有更真实的立体感,也方便设计细节。三维建模技术也可以用在环境设计上,为游戏世界注入真实的光影生命。此外,三维建模还是游戏中动画渲染等技术的基础,游戏的真实感和沉浸感的打造离不开三维建模。(见图 1-13)

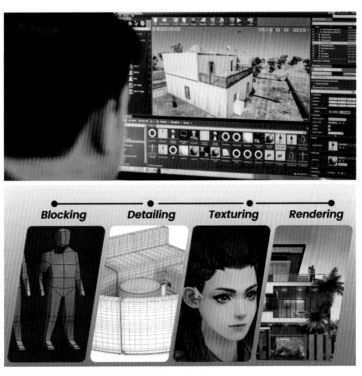

图 1-13

到了后期的测试和优化阶段,三维建模依旧发挥着重要的作用。在某些模型的碰撞箱存在问题时,设计师会对这些模型根据游戏的需求进行适当的修改。

二、三维建模的重要性

(1)三维建模是创建游戏世界的基础。

在一个游戏的开发过程里,利用三维建模可以构建出游戏的环境、角色、道具等各种元素,它们不仅是游戏世界的视觉基础,也是玩家与游戏互动的主要载体,用三维模型塑造怪物角色可令玩家在游戏世界中获得更加真实的体验感。这是 2D 时代达不到的效果。(见图 1-14)

图 1-14

(2)三维建模大大提高了游戏的视觉效果和真实感。

过去在 2D 游戏里画面的表现力十分有限,即使是良好的剧情也无法给玩家带来丰富的视觉体验,而3D 模型的出现,为玩家们提供了更为真实的立体视觉效果,使得游戏世界可以从各种角度被玩家探索,极大增强了沉浸感。如今精细的三维建模,如逼真的纹理、惊人的细节等,已经是各大游戏宣传的主要"爆点"。(见图 1-15)

(3)三维建模为游戏的创新提供了更多可能性。

在三维游戏世界里,游戏开发可以更加灵活,更加贴近玩家的需求。三维建模在未来甚至可能与人工智能技术结合碰撞,为游戏带来更加复杂精细的效果。

(4)三维建模对游戏的市场竞争力产生了影响。

随着技术的进步和玩家需求的提高,游戏画质和视觉效果成为衡量一个游戏品质的重要指标,而拥有优秀三维建模的游戏,无疑会在市场上占有更大的优势。

三维建模的重要性并不仅仅体现在以上几个方面。在游戏制作的环节里,开发者需要制作相应角色的动画模型来满足使用者在游戏内视觉上的需求,一般会由一名专门的游戏原画师来制作相应的内容。三维

图 1-15

建模还能与物理引擎、光影渲染甚至是人工智能技术等紧密结合,实现物体的真实运动和碰撞效果,塑造出逼真的打击手感、让人目不暇接的武技特效等,甚至是由于物理碰撞产生的火花,都完美呈现在玩家的眼前。

　　因此,无论是对于游戏的视觉效果、用户体验,还是对于一款游戏在市场上的竞争力,三维建模都起着至关重要的作用,可以说是游戏的招牌门面,在未来的游戏制作中,三维建模将会继续发挥其作用,推动游戏产业的发展。

Sanwei Youxi Jianmo Shixun Jiaocheng

第二章
3ds Max和ZBrush工具
介绍及基础操作

2. 1
游戏建模工具的概述

在本教材的实际案例中,主要运用了以下两种游戏建模工具。

(1)3ds Max。

3ds Max 是用于创建 3D 模型、动画和数字图像的电脑图形软件,是 Discreet 公司开发的基于 PC 系统的 3D 建模渲染和制作软件,通常用于角色建模和动画制作,以及建筑渲染等,还可以处理动画制作流程的多个阶段,包括预可视化、布局、建模、照明和渲染等功能。其前身是基于 DOS 操作系统的 3D Studio 系列软件,广泛应用于广告、影视、工业设计、建筑设计、三维动画、多媒体制作、游戏以及工程可视化等领域。这款软件与 Adobe 的 Photoshop 有着本质的区别,后者主要用于处理二维图像。(见图 2-1)

3ds Max 以其强大的功能、高效的工作流程、广泛的应用领域,已经成为全球范围内广泛使用的三维建模、动画制作与渲染软件。例如使用 3ds Max 可为 3D 模型和材料创建纹理。纹理本质上是模型表面的一种特征,利用 3ds Max 可使纹理环绕模型并使其看起来真实。一种材质效果可能包含多层纹理贴图——颜色贴图、细节贴图、光照贴图、粗糙度贴图,等等。对于游戏设计师而言,3ds Max 的建模和纹理制作功能可以帮助他们创建出各种复杂的游戏角色、场景和物品,从而为游戏玩家带来丰富的视觉体验。

图 2-1

(2)ZBrush。

ZBrush 是由美国 Pixologic 公司开发的一款数字雕塑和绘画软件,被誉为"数字雕塑的革命"。它以强大的功能和直观的工作流程彻底颠覆了整个三维制作行业。在一个简洁的页面中,ZBrush 为当代数字艺术家提供了先进的工具,其以实用的思路开发出的功能组合,在激发艺术家创造力的同时,也使用户在操作时感到非常顺畅。大量的娱乐产业以及行业艺术家和名人都见证了 ZBrush 以其革命性的能力绘制贴图并创作出杰出的角色的过程,ZBrush 在二维和三维领域创建模型和环境纹理,快速而直观,完全不受常规的技术限制。它也是越来越多的网络公司、艺术家、设计师、建模师、插画师、2D/3D 整合爱好者工作流程当中的关

键元素,当然,它也可以革新地应用在其他产业、商业部门。ZBrush 的创造性可以表现在每天生活的很多方面:3D 打印玩具制造业、科学与医学、珠宝设计等。(见图 2-2)

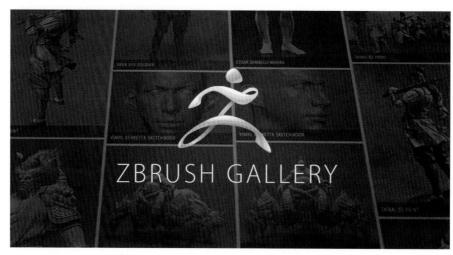

图 2-2

ZBrush 是艺术家使用虚拟雕刻功能来创造一切三维物体的软件。这是一个高分辨率建模的软件,它支持上亿面同时操作,它拥有几十种不同功能的雕刻笔刷。

ZBrush 还具有强大的 2D 和 2.5D 绘画功能,可以直接在模型表面绘制纹理,或者将 2D 图像和 3D 模型结合起来创作复杂的场景和特效。此外,ZBrush 还提供了一套完整的材质和照明系统,使艺术家可以在软件中创作出逼真的渲染效果。

另外,ZBrush 还拥有许多创新的工具和功能,如 ZSpheres、ShadowBox、和 DynaMesh 等,常被用于游戏、动画、影视、3D 打印等行业,并成为世界各地三维工作者每天都会使用到的软件,日渐成为每个三维从业者必须会使用的软件之一。ZBrush 中我们可使用数字黏土球去塑造任何现实中存在或不存在的物体并且可以无损地输出通用格式,极大地提高了我们的工作效率。

3ds Max 和 ZBrush 是两款常用的 3D 软件,3ds Max 主要被建筑、动画和游戏公司采用。随着房地产的兴起,建筑动漫产业也应运而生,ZBrush 则主要用于有机模型的建造和雕刻,特别适合于高精度的角色模型制作和细节雕刻。实际建模过程中,我们会结合使用 3ds Max 和 ZBrush。

基础建模:首先在 3ds Max 中进行基础建模,制作出模型的大致形状,这时不必考虑细节,主要确定模型的基本比例和构造,如图 2-3 所示。

导入 ZBrush:之后将模型导入 ZBrush,在此软件中进行细节雕刻。利用 ZBrush 的雕刻工具可以轻松地在模型上添加复杂的纹理和细节,如图 2-4 所示。

细节雕刻:在 ZBrush 中完成模型的细节雕刻后,可以使用 ZBrush 的 Decimation Master 功能。Decimation Master 是 ZBrush 的一个插件,使用户可以交互设置不同区域网格(模型上)的优化百分比。该插件提供了高级别的操控能力,可在降低多边形数量的同时尽量保留模型的细节。

导回 3ds Max:将优化后的模型导回 3ds Max。在这个阶段,可以添加材质、设置光照、制作动画等。

渲染:最后在 3ds Max 中进行渲染,得到最终的图像或动画,如图 2-5 所示。

这个工作流程既充分利用了 3ds Max 在硬面建模和渲染方面的优势,也发挥了 ZBrush 在高精度细节雕刻方面的强大能力,可以得到高质量的 3D 模型和图像。

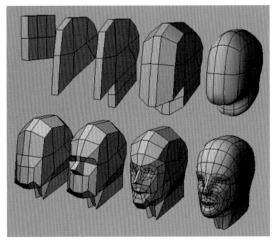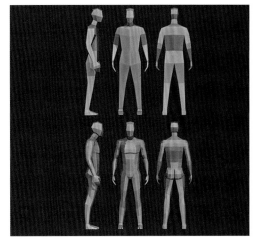

图 2-3

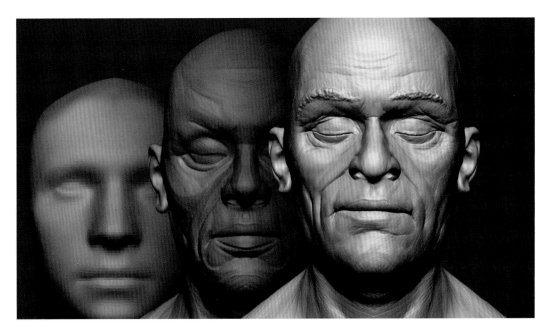

图 2-4

图 2-5

2.2
3ds Max 基础操作

一、3ds Max 界面和工具的使用

1.3ds Max 界面

3ds Max 的界面分为几个主要部分,如图 2-6 所示。

视口:视口区占据了 3ds Max 工作界面的大部分空间,是进行对象创作的主要工作区域。在视口区中可以查看和编辑场景,如建模、指定材质、设置灯光和摄影机等操作都是在视口区完成的。

命令面板:这是屏幕右侧的工具区域,包含了"创建""修改""层次""运动""显示""实用程序"六个面板。这是进行建模和动画操作的地方。

菜单栏和工具栏:位于界面顶部,提供了文件操作、编辑操作、视图操作和渲染操作等功能。

时间轴:位于界面底部,主要用于动画制作,用户可以通过它来控制动画的帧数和播放速度。

图 2-6

2.3ds Max 工具的使用

3ds Max 提供了丰富的工具,以下是一些常用工具。

移动、旋转、缩放工具:在主工具栏中,可以用于调整模型的位置、方向和大小,如图 2-7 所示。

选择工具:用于选择和操作模型或者模型的一部分。

绘制和建模工具:在命令面板的"创建"面板中,可以使用各种工具来创建和编辑 3D 模型,如形状、灯光、摄影机、地形等,如图 2-8 所示。

图 2-7

图 2-8

修改工具:在命令面板的"修改"面板中,可以通过添加各种修改器来更改模型的形状和属性,见图 2-9。

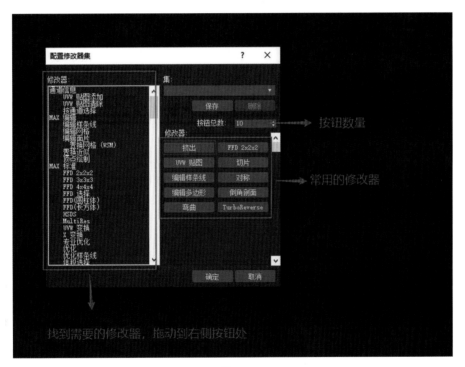

图 2-9

材质编辑器:提供了一套强大的材质和纹理制作工具,可以用来创建和编辑模型的表面材质,见图 2-10。

二、基本对象的创建和编辑

在 3ds Max 中,基本对象的创建和编辑是其核心的功能。这些基本对象包括几何体、形状、灯光、摄影机等。

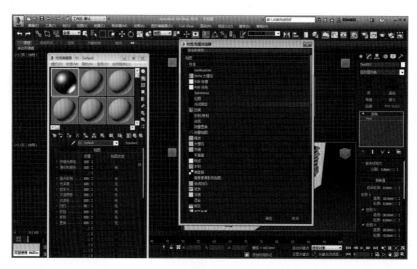

图 2-10

1. 创建基本对象

几何体:选择"创建"面板的"几何体"选项,这里有各种常见的 3D 基本体,如长方体、球体、圆柱体等。选择想要的基本体,然后在视口中单击并拖动即可创建。(见图 2-11)

形状:包括线、圆、矩形等 2D 形状。选择"创建"面板的"形状"选项,选择想要的形状,然后在视口中单击并拖动即可创建。

灯光:选择"创建"面板的"灯光"选项,选择一个灯光类型,然后在视口中单击即可创建。(见图 2-12)

摄影机:选择"创建"面板的"摄影机"选项,选择一个摄影机类型,然后在视口中单击即可创建。

图 2-11　　　　　　　　　　　　　　　　　　　　图 2-12

2. 编辑基本对象

一旦创建了基本对象,用户就可以使用以下工具或面板对其进行编辑:

移动、旋转、缩放工具:选择顶部工具栏的相应工具,然后在视口中选中对象,拖动鼠标即可。

"修改"面板:选择"修改"面板,可以看到一系列可以改变对象属性的选项,如大小、位置、旋转、细分等。

"参数"面板:在创建或修改对象时,"参数"面板提供了一系列可以调整的参数,如宽度、高度、深度、半径等,如图 2-13 所示。

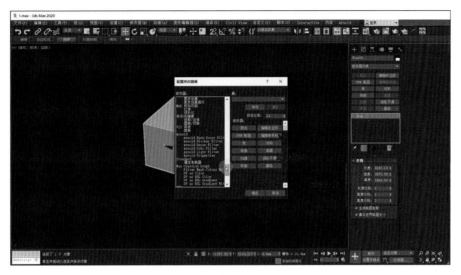

图 2-13

材质编辑器：可以通过材质编辑器给对象添加材质和纹理。

三、材质和光照的基本概念及应用

在 3ds Max 中，材质和光照都是为了增强视觉效果而设计的重要元素，利用它们可创造更逼真和具有视觉冲击力的渲染效果。

1. 材质

材质是定义物体表面看起来如何的属性的集合，比如颜色、纹理、光泽度、透明度等。在 3ds Max 中，可以使用"材质编辑器"来创建和编辑材质，它提供了大量的预设材质，同时也允许用户创建自定义材质。（见图 2-14）

在创建材质时，用户可以调整各种参数来控制材质的外观，比如颜色、光泽度、反射率、折射率等，也可以添加纹理映射，以使物体表面具有更丰富和复杂的细节。

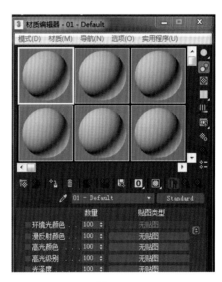

图 2-14

2. 光照

光照在 3D 渲染中起着至关重要的作用，它能帮助我们创造出极具真实感的环境和氛围。在 3ds Max 中，有多种类型的光源可供选择，包括点光源、聚光灯、太阳光等。（见图 2-15）

在配置光源时，用户可以调整其位置、方向、强度、颜色等参数，还可以添加阴影以增加场景的深度感。

除了这些基本的光源，3ds Max 还支持全局光照和光线追踪等高级光照技术。利用这些技术可以生成更逼真的光照效果，但同时也会增加渲染的复杂性和计算量。

理解与掌握材质和光照是 3D 建模和渲染的关键。通过对这些元素的精细控制，可以大大提升渲染效果的质量和真实感。

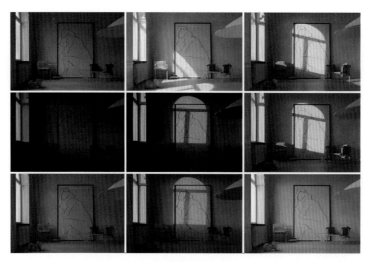

图 2-15

四、常用的操作及快捷键

3ds Max 常用的操作及快捷键见表 2-1。

表 2-1

序号	常用操作	快捷键	序号	常用操作	快捷键	序号	常用操作	快捷键
1	切换至顶视图	T	22	约束 Y 轴	F6	43	快速渲染	Shift＋Q
2	切换至前视图	F	23	约束 Z 轴	F7	44	加选	Ctrl
3	切换至左视图	L	24	约束双轴	F8	45	减选	Alt
4	切换至底视图	B	25	进入孤立显示模式	Alt＋Q	46	反选	Ctrl＋I
5	切换至透视图	P	26	显示/隐藏网格	G	47	全选	Ctrl＋A
6	切换至正交视图	U	27	坐标轴放大	＋	48	取消选择	Ctrl＋D
7	切换至摄影机视图	C	28	坐标轴缩小	－	49	原地复制	Ctrl＋V
8	切换至专家模式	Ctrl＋X	29	坐标轴冻结	Shift＋Ctrl＋X	50	对齐工具	Alt＋A
9	视口最大化	Alt＋W	30	统计	7	51	隐藏几何体	Shift＋G
10	最大化显示视图	Shift＋Ctrl＋Z	31	选择框切换	J	52	隐藏样条线	Shift＋S
11	平移视图	Ctrl＋P（或鼠标中键）	32	显示降级适配	O	53	隐藏摄影机	Shift＋C
12	缩放视图	Alt＋Z（或鼠标滚轮）	33	显示线框	Shift＋F	54	隐藏灯光	Shift＋L
13	禁用视口	Shift＋Ctrl＋D	34	选择	Q	55	打开	Ctrl＋0
14	环绕子对象	Ctrl＋R	35	移动	W	56	保存	Ctrl＋S
15	视图放大	[	36	旋转	E	57	删除物体	Delete
16	视图缩小	]	37	缩放	R	58	撤销	Ctrl＋Z
17	线框与实体切换	F3	38	按名称选择	H	59	重做	Ctrl＋Y
18	显示边、面	F4	39	对象捕捉	S	60	打开环境面板	8
19	加亮所选面	F2	40	角度捕捉	A	61	变换输入	F12
20	选择锁定切换	空格键	41	打开材质编辑器	M			
21	约束 X 轴	F5	42	打开渲染设置面板	F10			

2.3
ZBrush 基础操作

一、ZBrush 界面和工具的使用

ZBrush 软件特别适合用于创建高度详细的 3D 模型。

1. 界面

ZBrush 的界面以工作区为中心,工作区内部展示的就是制作的 3D 模型。工作区周围布置了一系列的菜单和工具栏,这些工具栏都可以自定义,并根据需要调整大小和位置。(见图 2-16)

左侧和上方的工具栏提供了常用的 3D 操作工具,如移动、缩放、旋转工具等。右侧和顶部则主要包含模型的子工具列表、笔刷、颜色和材质选择等。

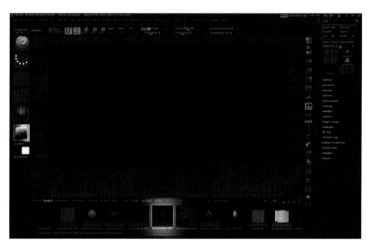

图 2-16

2. 工具

ZBrush 的工具包括两类,一类是 2D 的工具(如简单的形状和图像),另一类是 3D 的工具(如 3D 的模型和笔刷),如图 2-17 所示。

ZBrush 的核心工具是其丰富的笔刷库,这些笔刷用于在模型上雕刻各种细节。例如,有些笔刷可以模拟陶土的效果,有些笔刷则可以模拟打磨或雕刻的效果。(见图 2-18)

此外,ZBrush 也提供了一系列的变形器和建模工具,这些工具可以用来调整模型的整体形状和结构。例如,使用 Move 工具可以移动模型的部分或全部,使用 Smooth 工具可以平滑模型的表面。(见图 2-19)

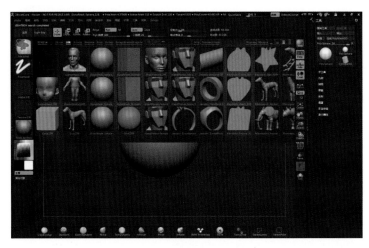

图 2-17

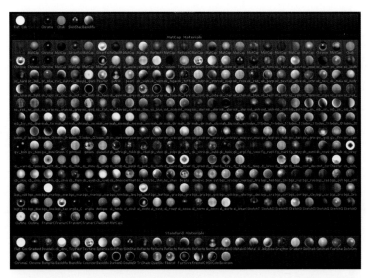

图 2-18

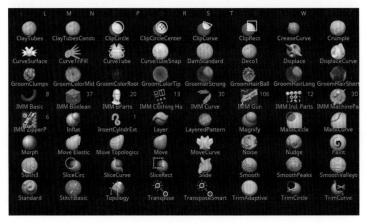

图 2-19

3. 插件

ZBrush 还包含一系列的插件,这些插件提供了许多额外的功能和特性,如纹理生成、雕刻指南、3D 打印等。

总体来说,ZBrush 的界面和工具设计得十分灵活和强大,它能够适应各种不同的工作流程和技术需求,是数字艺术家的理想工具。

二、基础雕刻技术

ZBrush 的基础雕刻技术依赖于几个主要的元素:笔刷、笔压、Alpha 和 Z Intensity。

1. 笔刷

ZBrush 提供了大量预制的笔刷,用于创建各种效果。例如,Standard 笔刷用于添加或减少材料,Move 笔刷用于推拉模型的表面,而 Smooth 笔刷则用于平滑模型的表面。其他的笔刷,如 Clay、Dam_Standard、Pinch、Flatten 等,都有各自的特殊功能和效果。(见图 2-20)

2. 笔压

ZBrush 支持压感绘图板,这意味着笔刷的效果会根据笔尖压力的变化而变化。压力越大,效果越明显;压力越小,效果越微妙。(见图 2-21)

图 2-20　　　　　　　　　　　　　　　　　图 2-21

3. Alpha

Alpha 是用于控制笔刷效果(形状)的灰度图像。例如,一个圆形的 Alpha 会产生圆形的笔刷痕迹,而一个带有噪声的 Alpha 则可以用来创建自然的纹理效果。(见图 2-22)

4. Z Intensity

Z Intensity 控制了笔刷效果的强度。其值越大,效果越强烈;值越小,效果越微妙。(见图 2-23)

在开始雕刻之前,通常需要先设置好笔刷、Alpha 和 Z Intensity。然后,可以在模型上单击并拖动来雕刻。通过改变笔刷、Alpha 和 Z Intensity 的设置,可以创建出丰富和复杂的效果。

另外,ZBrush 的对称功能使得雕刻工作更为方便,基于这个功能,我们在模型的一边雕刻的同时,模型的另一边也自动产生相应的效果。

图 2-22

图 2-23

三、纹理和材质的基本概念及应用

在 ZBrush 中,纹理和材质是模型视觉表现的重要组成部分。它们共同决定了模型的颜色、质地、光泽和其他视觉效果。

1. 纹理

纹理通常用于表示模型的表面细节,如颜色、图案和质地。在 ZBrush 中,纹理是二维图像,可以映射到模型的表面。这种映射可以是计算生成的,也可以是手工绘制的。(见图 2-24)

纹理的主要应用是为模型添加复杂的颜色和表面细节。例如,可以使用纹理来模拟皮肤上的色斑、布料的织纹或金属的划痕等。此外,纹理还可以用来模拟更复杂的效果,如利用法线贴图和位移贴图进一步增强模型的视觉表现力。(见图 2-25)

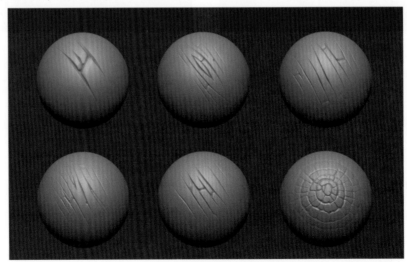

图 2-24

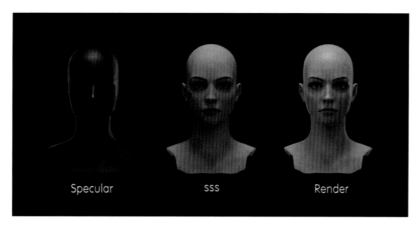

图 2-25

2. 材质

材质是一个更抽象的概念,它定义了模型表面反射和散射光线的方式。在 ZBrush 中,材质是一个复杂的着色器,它可以使用多个参数来模拟各种真实世界的材料效果。

材质的主要应用是为模型添加现实世界的光照效果。例如,可以使用材质来模拟金属的光泽、皮肤的透光效果或石头的粗糙表面等。此外,ZBrush 提供了一种名为 MatCap 的特殊材质,它可以捕获和复制现实世界中的复杂光照环境,创建出令人惊叹的视觉效果。(见图 2-26)

图 2-26

在 ZBrush 中,纹理和材质可以独立应用,也可以共同应用。当它们共同应用时,纹理提供了模型的表面细节,而材质则负责模拟光照效果。这样,就可以创建出富有深度和真实感的 3D 模型。

四、详细模型的创建和编辑

在 ZBrush 中,创建和编辑详细的 3D 模型主要依赖于其强大的雕刻和绘画工具。基本流程为:

(1)初始化模型。

需要选择一个基本对象来开始,可以是一个球体、立方体、圆柱体等,也可以是一个已经导入的模型,如图 2-27 所示。

(2)雕刻模型。

在选择了基本对象后,可以使用各种雕刻工具对模型进行形状和细节的修改。这些工具包括 Draw、

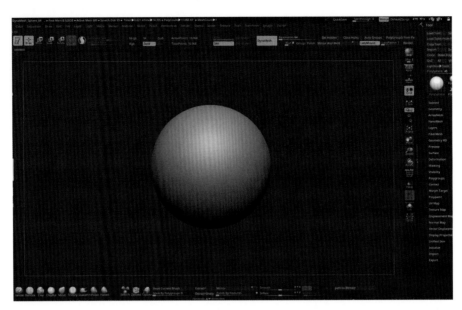

图 2-27

Move、Smooth、Inflate、Pinch、Clay 等,每种工具都有其独特的效果。通过结合使用这些工具,可以将一个简单的基本对象雕刻成为一个具有复杂形状和细节的 3D 模型。

(3)细化模型。

在创建了基本形状后,可以使用 ZBrush 的细分功能来增加模型的多边形数量,以便于添加更多的细节。我们可以通过细分模型来添加皮肤纹理(细微的肌肉线条)、复杂的装饰物等。

(4)绘制纹理和添加材质。

在添加完模型的细节后,可以使用 ZBrush 的绘画工具和材质库来为模型添加颜色和质地。我们可以手动绘制纹理,或者使用 ZBrush 的 Spotlight 功能来投射图片到模型的表面,如图 2-28 所示。

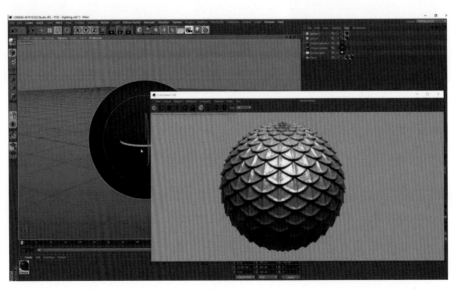

图 2-28

(5)调整光照和渲染。

可以在 ZBrush 中调整场景的光照,然后使用其内建的渲染引擎进行渲染,以得到逼真的效果。

ZBrush 为艺术家提供了一套全面的工具,使他们能够在一个无缝集成的环境中,从基本形状到复杂的纹理和光照,完成整个 3D 模型的创建和编辑过程。

五、常用的操作及快捷键

ZBrush 常用的操作及快捷键见表 2-2。

表 2-2

序号	常用操作及相关快捷键
1	按空格键可激活鼠标指针下的菜单 (按住不放再拖拉鼠标指针可定位文档)
2	在空白处单击鼠标左键并拖动可旋转视角
3	按住 Alt 键,在空白处单击鼠标左键并拖动可平移视角
4	按住 Alt 键并单击鼠标左键,然后放开 Alt 键, 在空白处拖动并平移,可缩放视角
5	按＋键可放大文档
6	按－键可缩小文档
7	按 0 键可查阅文档的实际大小
8	旋转中配合 Shift 键可捕捉正交视点
9	旋转中配合 Alt 键可以相对平滑方式旋转视图
10	按 Ctrl＋Shift 键并拖动鼠标将隐藏未选中的部分
11	按 Ctrl＋Shift 键并单击空白处将恢复显示
12	按 Ctrl＋Shift 键并拖动鼠标,然后释放 Ctrl 键、Shift 键, 将隐藏选中的部分
13	按 Ctrl＋F 键可填充二维图片层
14	按 Ctrl 键可打开遮罩功能
15	按 Ctrl＋D 键可细分一次
16	按 Tab 键可隐藏/显示浮动调控板
17	按 H 键可隐藏/显示 ZScript 窗口
18	按 C 键可在指针下面拾取颜色
19	按 S 键可更改绘图大小
20	按 Shift＋D 键可在绘制贴图的时候让模型上的网格线隐藏
21	按 W 键进入移动模式
22	按 E 键进入缩放模式
23	按 R 键进入旋转模式
24	按 T 键进入编辑模式
25	按 Shift＋S 键可备份物体
26	按 Ctrl＋Z 键可撤销

续表

序号	常用操作及相关快捷键
27	按 Shift＋Ctrl＋Z 键可重做
28	按 Alt＋C 键可打开颜色调控板
29	按 Alt＋R 键可打开 Render 调控板
30	按 Alt 键配合鼠标左键可在绘图模式下删除 Z 球点

第二部分

游戏道具
PBR次时代
钢刀建模
实践

在第二部分的内容中,我们将着重研究如何采用 PBR(physically based rendering)流程制造一种武器模型。通过原始设计图可以观察到,这个武器的基本结构并不复杂,但是刀刃与护手部分的装饰以及刀柄尾端的装饰的制作难度较高。在模型制作过程中,必须特别关注这些结构的分层关系。例如,刀柄尾端的装饰至少由三个层次构成:底部是一个钩形装饰,其上是一种飞镖样式的装饰,最外层则是珠宝装饰。

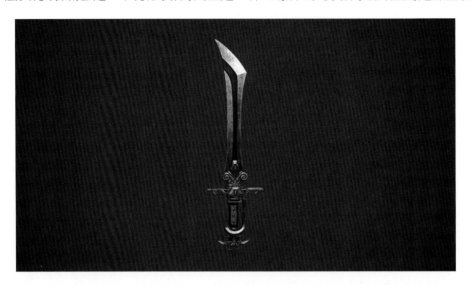

武器的材质包括刀刃的钢材质、金色的金属材质、宝石材质以及带有斜纹的塑料手柄材质。仔细查看原始设计图,我们可以发现刀刃部分有大量的污渍和划痕,这些细节在后期将通过 Substance Painter 软件进行模拟和再现。

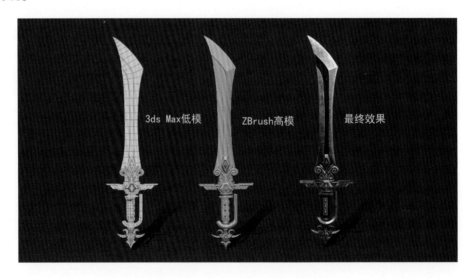

本部分的内容将分为三个章节进行介绍。在第三章,我们将学习如何使用 3ds Max 制作低多边形模型;在第四章,我们将借助 ZBrush 进行高多边形模型的雕刻;在第五章,我们将学习如何使用 Unfold3D 软件进行 UV 展开,利用 Substance Painter 进行材质和贴图的制作,并采用 Marmoset Toolbag(八猴)进行渲染输出。

第三章

PBR次时代钢刀低模制作

3.1
3ds Max 钢刀大形制作

　　启动 3ds Max 软件,在前视图中绘制一个面片,然后在修改器面板中将其"长度分段"数和"宽度分段"数设置为 1,如图 3-1 所示。

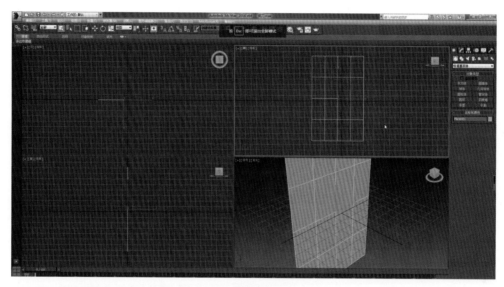

图 3-1

　　选择此面片,并使用移动工具(快捷键:W)将其置于中心位置。然后,将其长度和宽度调整为与原始设计图相符的数值。在视窗中单击以选择透视视图,然后在右下角切换至最大化视口。按下 F 键回到正视图,并按下 G 键以隐藏网格,如图 3-2 所示。

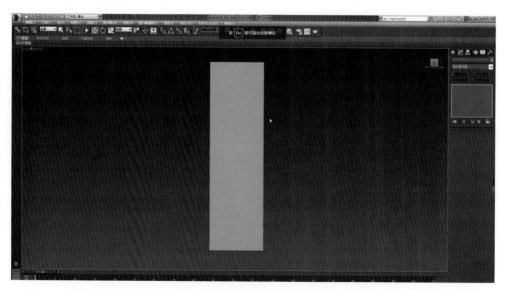

图 3-2

接下来,打开材质编辑器(快捷键:M),并在漫反射贴图＞位图中选择武器的原始设计图。然后,将设置的材质应用到面片上,如图 3-3 所示。

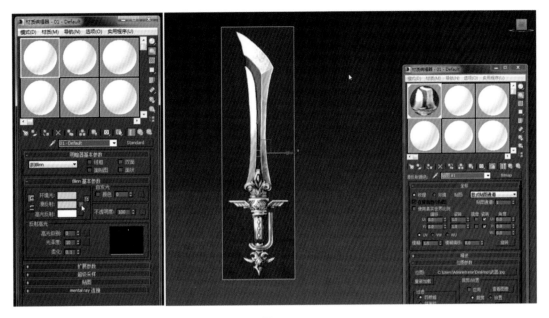

图 3-3

选中面片,然后将其转换为可编辑的多边形(步骤:右键单击对象 ＞ 转换为 ＞ 转换为可编辑多边形)。使用切割工具,沿着武器的外轮廓切割,并删除多余的模型部分。(见图 3-4)

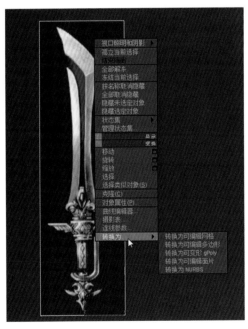 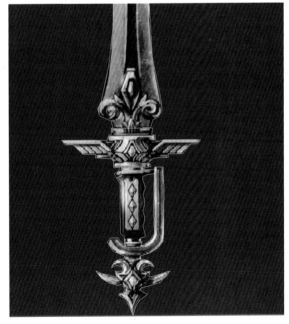

图 3-4

在编辑几何体面板中,单击"保持 UV"按钮以确保贴图不会被移动。然后,用切割工具为模型添加边线,并调整边线的位置。应尽可能根据模型的结构平均分配边线,如图 3-5 所示。

在大轮廓切割完成后,开始逐个部分制作,通过对面片进行修改来实现体积感。

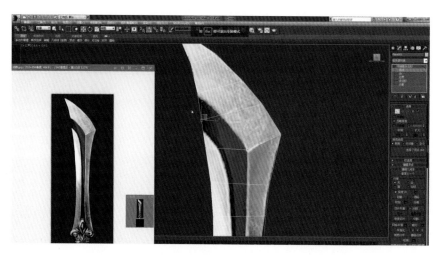

图 3-5

3.2
3ds Max 刀刃细节制作

　　首先,我们开始创建刀刃。复制一份剪切后的面片,然后删除刀柄部分。

　　完成后,选中模型,接下来我们将为其制作厚度。切换至透视视图(快捷键:P),并选择边界模式(快捷键:3)。按住 Shift 键,使用移动工具拉出刀刃的厚度,见图 3-6。

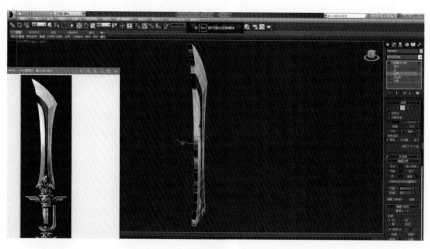

图 3-6

　　按快捷键 L 切换至左视图,然后单击"层次"面板,将模型的轴心居中对齐。调整轴心至侧面的左下角位置。

　　回到"修改"命令面板,使用镜像工具进行模型的镜像,选择实例模式。选择边线,使用环形选择,取消刀背部分的边线选择后点击鼠标右键,然后选择塌陷边线环(快捷键:Ctrl＋Alt＋C)。移动边线,以完成刀刃的创建,见图 3-7。

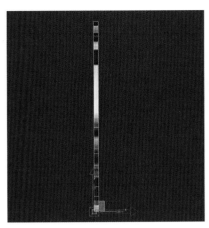

图 3-7

　　取消"保持 UV"的设置,在刀刃底部的金色金属部分增加一些厚度,这样,在侧面视图中可以看到厚度的变化。

　　接下来进行凹陷结构的建模。在多边形级别(快捷键:4),框选需要凹陷的面,见图 3-8。

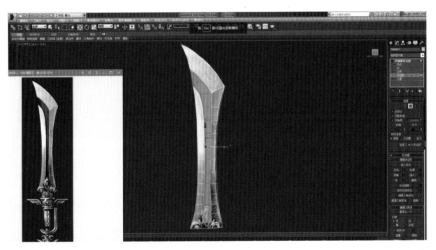

图 3-8

　　对选中的面使用插入命令,然后使用倒角命令(快捷键:Ctrl+B),见图 3-9,并选择局部法线。调整好参数后,删除多余的面。至此,刀刃部分的建模基本完成。

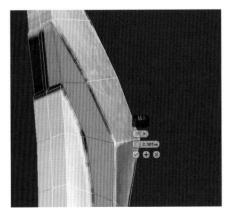

图 3-9

3.3
3ds Max 钢刀低模细化

接下来我们来创建刀柄部分。

首先,使用切割工具剪出刀柄的金属装饰的外轮廓,然后选择对应面并将其复制到刀刃部分,如图 3-10 所示。

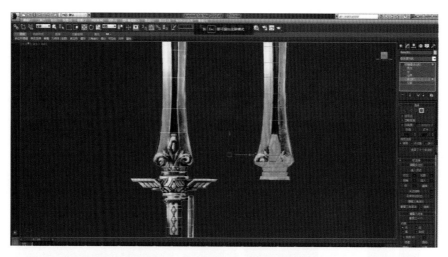

图 3-10

隐藏刀刃部分,在金属装饰面片中增加一条中线(快捷键:Ctrl+Shift+E),使用连接工具并将段数设置为 1,同时打开"保持 UV"设置。由于装饰是对称的,我们只需制作一半。(见图 3-11)

图 3-11

分离顶部小装饰的法线以便单独制作。塌陷(快捷键:Ctrl+Alt+C)后调整边线,使用缩放工具(快捷键:R)使其平滑,然后使用 Ctrl+Backspace 键删除边线。在"层次"面板中,调整其轴心位置,如图 3-12 所示。

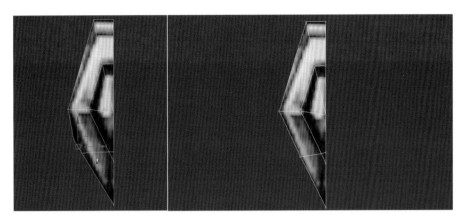

图 3-12

在菱形宝石的外围增加线条,选择面并向外移动以形成厚度,中间部分要做出凸起的效果。调整好后进行镜像操作,如图 3-13 所示。

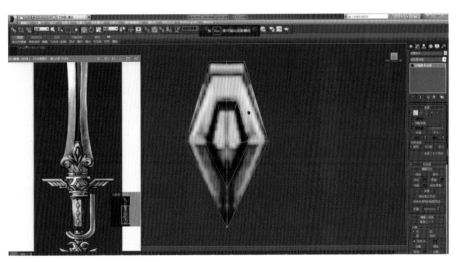

图 3-13

选择菱形宝石的中心点向外移动,删除不需要的线,打开"保持 UV"。塌陷不需要的点,菱形宝石模型制作完成。(见图 3-14)

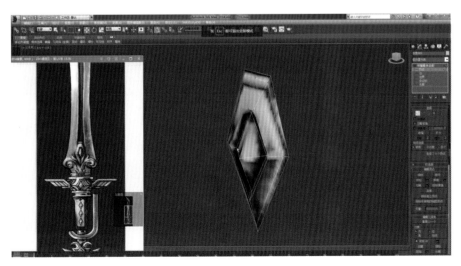

图 3-14

在侧面增加厚度,使用目标焊接工具进行焊接,切换到线框视图模式(快捷键:F3),调整连线位置。至此,宝石模型制作完成,如图 3-15 所示。

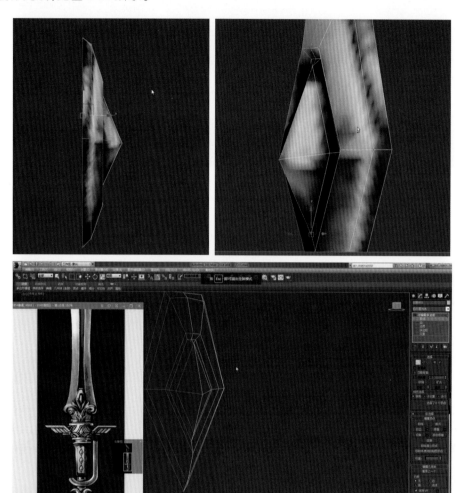

图 3-15

将装饰物的下部面片分离,然后使用快捷键 Alt＋Q 单独显示,如图 3-16 所示。

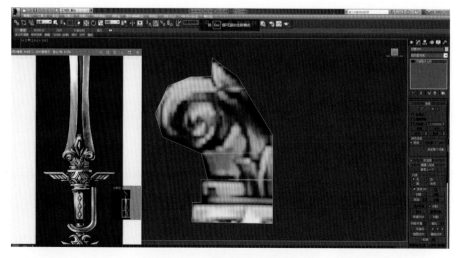

图 3-16

制作中间的"山"形装饰，复制一份后，沿着其结构剪切并删除多余部分，如图 3-17 所示。

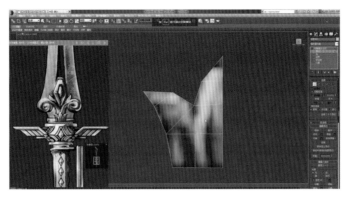

图 3-17

为装饰增加厚度，调整好后进行镜像复制，如图 3-18 所示，然后移动至刀柄部位。

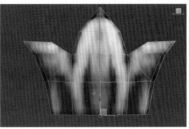

图 3-18

剩下部分在制作时同样先沿着结构布线，在需要凹陷的位置使用塌陷命令，调整后镜像复制，螺旋状的装饰部分就制作完成了，如图 3-19 所示。

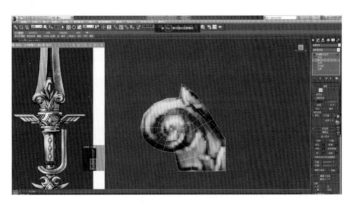

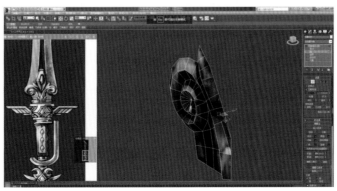

图 3-19

接下来是装饰的椭圆形结构部分。同样调整一下轴心,镜像,关闭"保持 UV"设置,选择面调整,将结构的弧度制作出来,如图 3-20 所示。

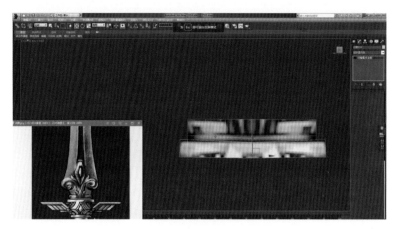

图 3-20

进行镜像操作,以制作出椭圆形状,如图 3-21 所示。

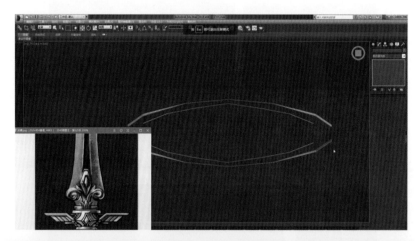

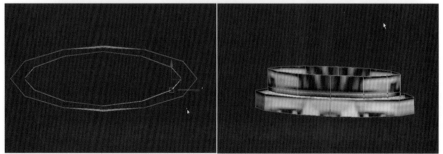

图 3-21

将底部与顶部封闭,进行线条焊接,如图 3-22 所示。

至此,刀柄上部装饰部分的建模基本完成。

接下来,我们将使用类似的方法剪切出刀柄和刀身连接处的装饰面片,并将各个部分分离出来,为它们分别增加结构布线,对凹陷部分进行塌陷,如图 3-23 所示。

选择凸出的部分,执行挤出命令(快捷键:Shift+E)并使用倒角工具进行调整,如图 3-24 所示。

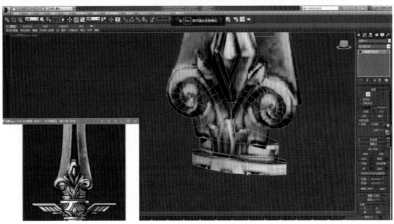

图 3-22

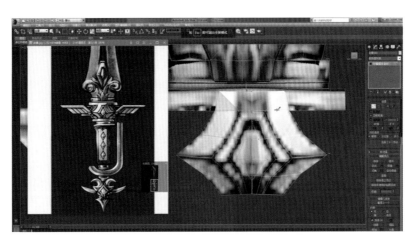

图 3-23

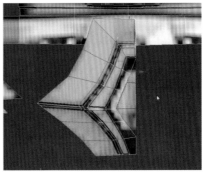

图 3-24

　　调整好后进行镜像操作，设置轴心，使其居中对齐。蓝色宝石部分制作完成，如图 3-25 所示。

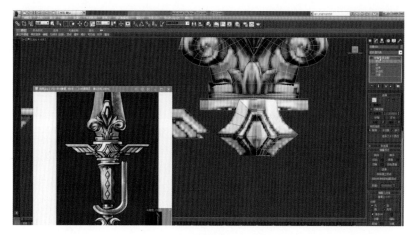

图 3-25

　　下一步是制作宝石后的部分。创建一个长方体，调整其大致形状，并赋予其一个灰色的材质，如图 3-26 所示。

　　制作翼状结构。首先选中面片，打开命令修改器，使用壳修饰命令来创造体积，如图 3-27 所示。

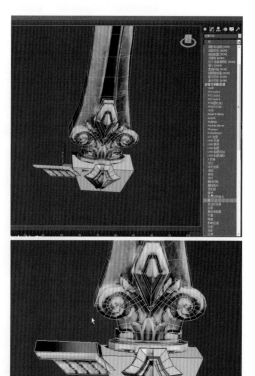

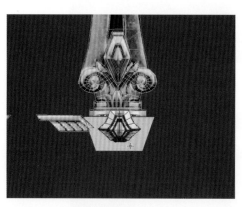

图 3-26　　　　　　　　　　　　　　　　　图 3-27

　　将其转换为可编辑多边形，调整凸出位置，拖曳底部以赋予体积。完成后镜像出对称形状，并与灰色体块附加在一起，成为一个整体，如图 3-28 所示。

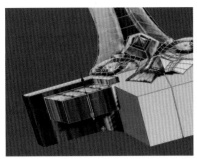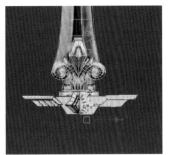

图 3-28

　　接下来我们将制作柱状刀柄的上端装饰部分。可以切换到顶视图(快捷键:T)并创建一个圆柱体,使用缩放工具(快捷键:R)拉伸成扁圆形。将其移动到灰色体块的底部并适当调整大小,如图 3-29 所示。

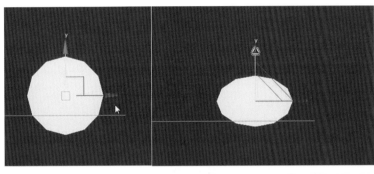

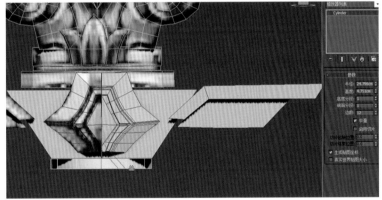

图 3-29

　　将柱体转换为可编辑多边形,删除底部,选择边界,进行缩放,按住 Shift 键往下移动并复制。然后使用塌陷命令封住底部,如图 3-30 所示。

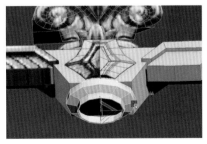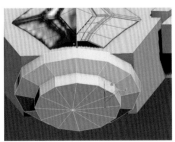

图 3-30

全选所有元素,赋予一个灰色的材质球,调整后使用"自动平滑"功能,如图 3-31 所示。

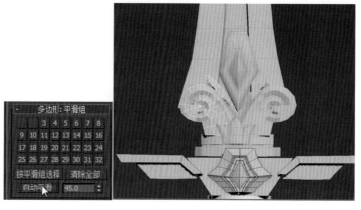

图 3-31

3.4
3ds Max 钢刀刀柄制作

接下来,我们将处理刀柄的主要部分。选择手柄的面片,关闭"保持 UV"选项,并平移复制至模型位置,将结构的不同部分进行分离,如图 3-32 所示。

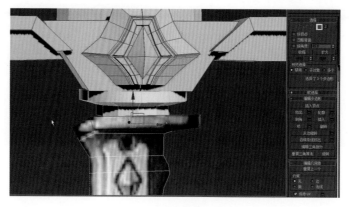

图 3-32

和之前的操作一样,选择边界后进行平移复制,调整结构的形状,如图 3-33 所示。

图 3-33

优化结构线并进行整体调整。选择边界并向里拖曳移动（快捷键：W）来赋予体积，对布线进行调整，如图 3-34 所示。

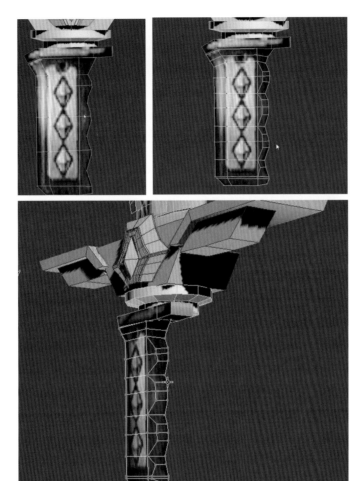

图 3-34

刀柄主体部分基本完成后，我们将继续对菱形宝石部分进行细化。选择宝石所在的面并进行平移复制，用线绘制出菱形形状，调整点的位置，移动菱形的中心点来形成凸起。完成后，移动并复制，完成三颗菱形宝石的制作，如图 3-35 所示。

图 3-35

接下来是刀柄尾端的装饰部分。首先创建一个圆柱体,设置边数为 10,然后将其转换为可编辑多边形。按 M 键打开材质编辑器,赋予其一个材质,如图 3-36 所示。

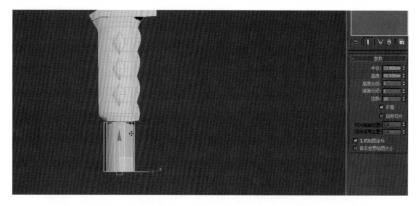

图 3-36

对于钩状装饰部分的制作,我们将关闭"保持 UV"设置,选择面并进行移动复制,选择"克隆到对象"。按照同样的方式完成模型制作,如图 3-37 所示。

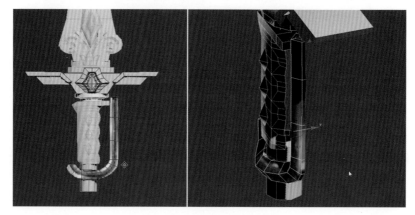

图 3-37

对于刀柄底部装饰的制作,同样需要将各部分进行拆解,如图 3-38 所示。

图 3-38

使用剪切工具(快捷键:Alt＋C)进行剪切,使用塌陷命令,调整结构布线,完成后赋予灰色材质,如图 3-39 所示。

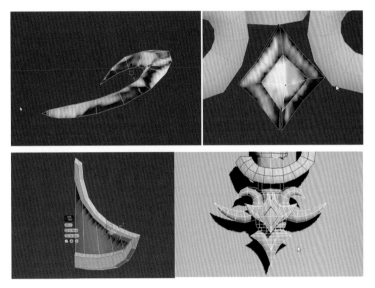

图 3-39

所有部件的制作完成后,效果如图 3-40 所示。

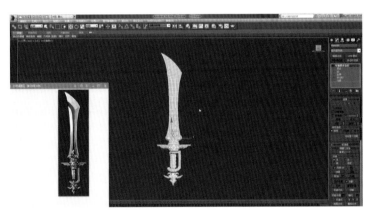

图 3-40

我们还需要附加所有的对象形成一个整体。可以通过选择所有对象,然后在"修改"命令面板单击"附加"按钮,将所有的对象附加在一起。然后打开左视图(快捷键:L)和顶视图(快捷键:T)以确保所有模型的一侧都处在同一条线上,如图 3-41 所示。

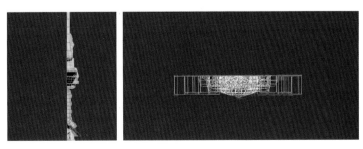

图 3-41

全选所有对象后进行镜像复制,完成整个模型的双面立体建模,如图 3-42 所示。

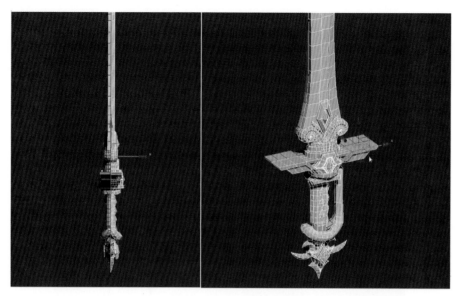

图 3-42

切换到左视图(快捷键:L),当镜像后的两部分贴合处的各点未重合时,需要框选处在中线的所有点并进行缩放(快捷键:R)和焊接,使它们成为一个整体,如图 3-43 所示。

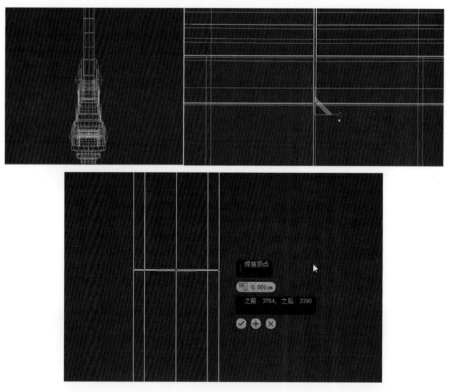

图 3-43

接下来,我们需要分离所有的元素。可以在"修改"命令面板中选择"元素"级别,然后选择想要分离的元素,单击"分离"按钮,将类似的元素分为一个组。例如,可以将所有的金属和宝石元素分成一个组。这样,在将模型导入 ZBrush 进行雕刻时,就可以方便地对每个组进行单独操作。可以通过在主工具栏上选择

"组"菜单来进行分组。（见图 3-44）

图 3-44

3.5
3ds Max 刀柄细化

在整个模型大体完成之后，我们需要更细致地对模型中的细节进行控制和刻画。

首先，对手柄处的线条进行调整，可以选择相应的边并使用移动工具（快捷键：W）将形体拉厚一些，如图 3-45 所示。尽量避免做得过于单薄，以免无法体现武器的厚重感。

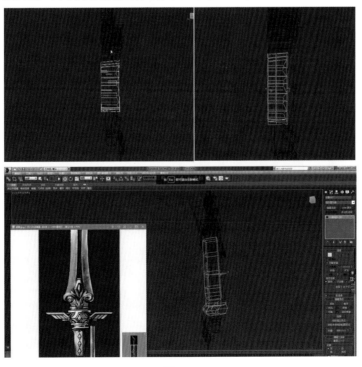

图 3-45

　　然后,调整柱状和钩状的装饰。可以选择这些形体的面或边,然后使用移动、旋转或缩放工具进行调整。对于宝石部分,也可以进行一些调整。例如,可以调整宝石的形状,或者改变宝石的位置。(见图 3-46)

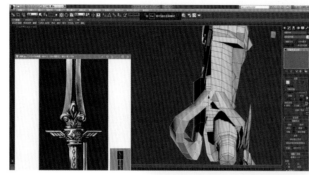

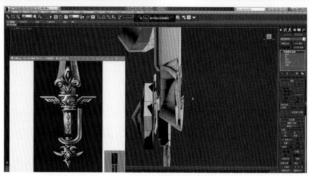

图 3-46

　　接下来,是角状部分的调整。选择边界,然后使用桥接命令增加面,再通过移动、旋转或缩放工具调整布线,如图 3-47 所示。

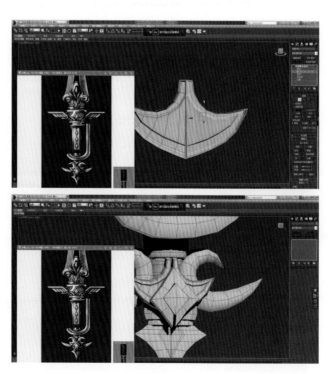

图 3-47

最下面的尖角也可以拉厚一些,然后使用"封口"命令将其封闭。

需要注意的是,次时代游戏模型面数都比较高,特别是手绘风格的模型。因此,我们可以适当地增加一些线条,让模型在该圆滑的地方显得更加圆滑。对模型的细节部分进行完善后,可以调整各个部分的形状,使其更加鲜明。(见图 3-48)

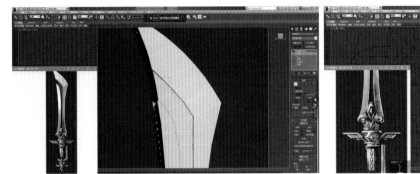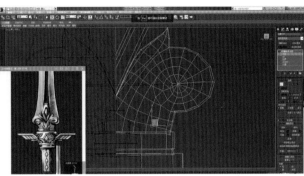

图 3-48

最后,可以将调整后的模型导入原画中进行对比。如果有需要可以继续进行调整,直到对结果感到满意为止。(见图 3-49)

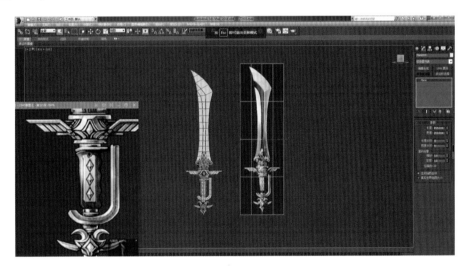

图 3-49

第四章
PBR次时代钢刀高模雕刻

4.1
ZBrush 刀刃高模制作

在准备将模型导入 ZBrush 前，我们需要做一些前期的工作。首先，将类似的部分设置为一组。对刀刃模型单独进行处理，将需要硬边的地方单独分离出来，如图 4-1 所示。

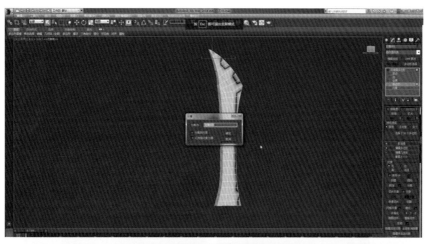

图 4-1

全选模型，导出为 OBJ 格式，如图 4-2 所示，并另存为一个 MAX 格式的文件。

图 4-2

将保存好的 OBJ 文件导入 ZBrush。打开后发现,模型已经自动被分成了不同的组。(见图 4-3)

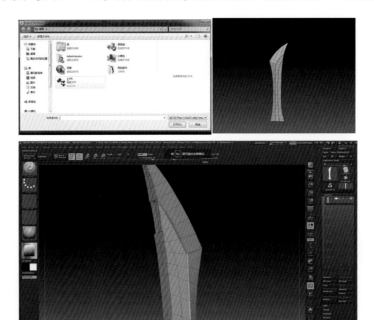

图 4-3

在刀刃部分,我们给模型一个 Crease 操作,然后焊接一下顶点,如图 4-4 所示。

图 4-4

单击关闭组显示(按住 Ctrl＋Shift 键并单击空白区域)。可以看到,硬边效果已经出现了,如图 4-5 所示。

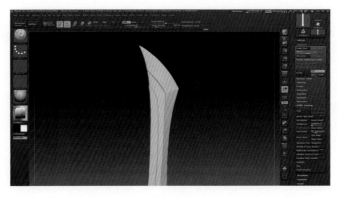

图 4-5

使用移动工具(快捷键:W),打开对称模式,并设置对称轴为 Z 轴,这样可以方便我们调整模型的角点。(见图 4-6)

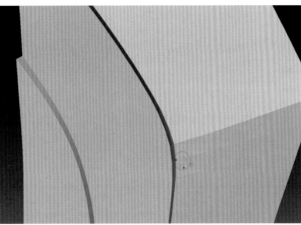

图 4-6

如果发现刀刃底部有问题,可以重新查看分组情况。在这里,我们发现底部并没有被分组,因此我们需要重新将底部单独分组,然后使用 Crease 命令给它加上硬边,如图 4-7 所示。

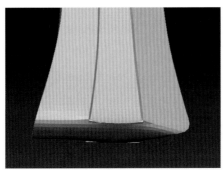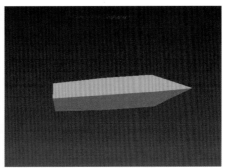

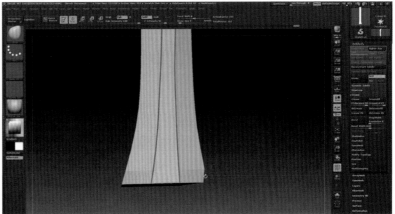

图 4-7

使用中括号([或])可以调整画笔的大小,继续调整模型。为了让角落有倒角的效果,可以使用 Smooth 命令,按住 Shift 键并单击鼠标左键拖动,这样倒角效果就出现了,如图 4-8 所示。

我们可以通过 Shift+D 快捷键切换到低细分级别,或者使用 D 快捷键切换到高细分级别。在低细分级别下进行平滑操作可以使模型更加自然,如图 4-9 所示。

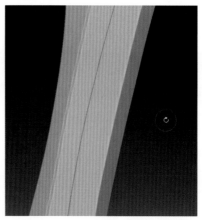

图 4-8

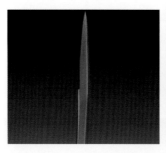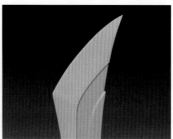

图 4-9

我们再复制一个模型(快捷键:Ctrl＋Shift＋D),然后删除细分(Del Lower 或 Del Higher 命令),如图 4-10 所示。

图 4-10

完成后保存工作(快捷键:Ctrl＋S),效果如图 4-11 所示。

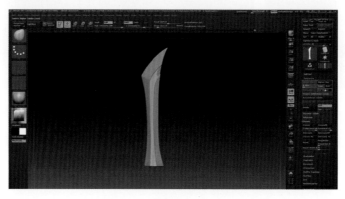

图 4-11

我们需要重新打开 3ds Max,然后导入我们之前保存的模型。在这一步中,我们同样需要选择需要做硬边处理的面,如图 4-12 所示。

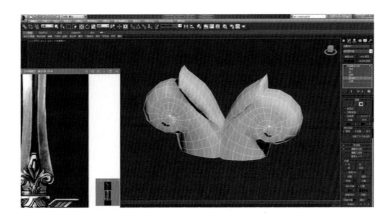

图 4-12

在分离到元素后,进行镜像对称操作,然后将两部分进行焊接,如图 4-13 所示。

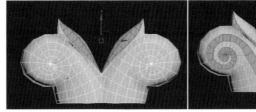

图 4-13

接下来,我们需要继续对模型进行分离操作,如图 4-14 所示,完成后保存到同一个 OBJ 格式文件中。

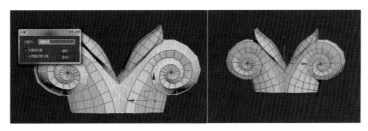

图 4-14

将新保存的 OBJ 文件导入 ZBrush 中,将看到模型如图 4-15 所示。

按照之前的方法进行硬边处理,并进行焊接顶点操作。然后我们需要将模型的开口处进行封口,接着对模型进行细分操作,如图 4-16 所示。

使用 Smooth 命令进行平滑处理,效果见图 4-17 和图 4-18。在处理步骤中,记得随时保存文件。

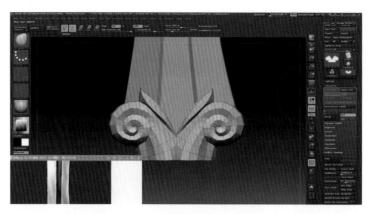

图 4-15

图 4-16

 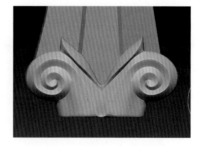

图 4-17　　　　　　　　　　　　　　　图 4-18

4.2
ZBrush 刀柄高模制作及细化

（1）金属宝石外框部分。

对于金属宝石的部分，我们需要在 3ds Max 中选择面，在需要硬边处理的地方重新分离成组，如图 4-19 所示。

全选，然后焊接点，导出至同一 OBJ 文件，如图 4-20 所示。

导出至同一 OBJ 文件后，在 ZBrush 中用 Crease 命令（在几何边框面板上）卡边，并焊接点。使用 Smooth 命令进行平滑处理，效果如图 4-21 所示。

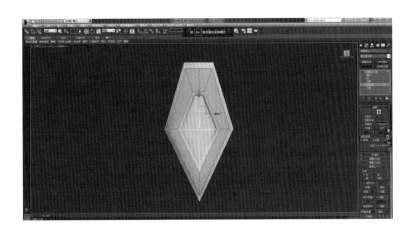

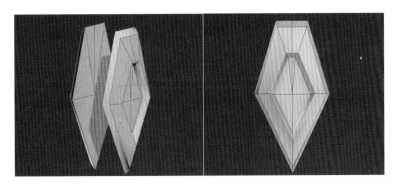

图 4-19

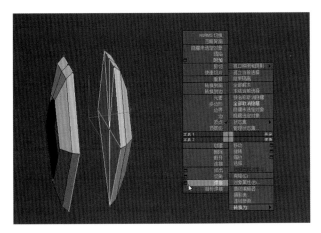

图 4-20

(2)柱形基底部分。

回到 3ds Max,选择并导出柱形基底部分的模型。在 ZBrush 中按照同样步骤处理,效果如图 4-22 所示。

如果发现圆柱体与上部装饰连接处出现缝隙,按 X 轴对称(快捷键:X),使用移动笔刷将上面的模型往下移一些即可,如图 4-23 所示。处理完后记得保存。

(3)"山"形装饰部分。

在 3ds Max 中选择并导出"山"形装饰部分的模型,然后导入 ZBrush 中进行细化处理,如图 4-24 所示。

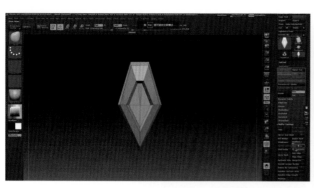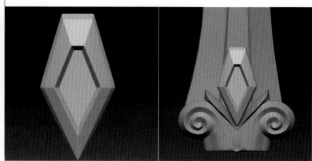

图 4-21

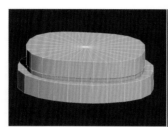

图 4-22

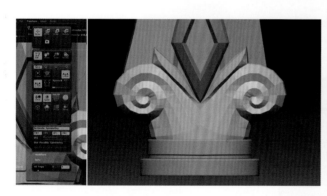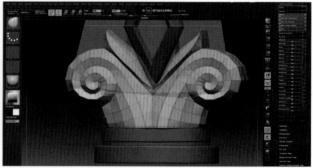

图 4-23

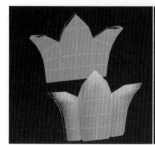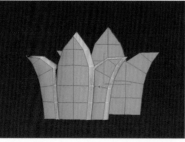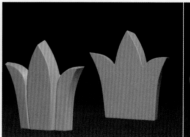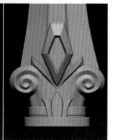

图 4-24

（4）柱形下底座部分。

在 3ds Max 中处理柱形下底座部分，保存后导出，再导入 ZBrush，然后复制一份，删除高细分级别（Del Higher）。开启线框显示（快捷键：Shift＋F），使用 Groups By Normals 功能进行分组。按住 Ctrl＋Shift 键，单击鼠标左键框选隐藏模型的其他部分，执行 Crease 操作，然后进行细分，效果如图 4-25 所示。

（5）翼状结构部分，如图 4-26 所示。

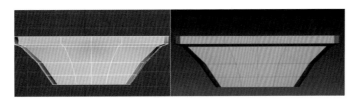

图 4-25

图 4-26

（6）其他装饰部分。

在 3ds Max 中选择并导出其他装饰部分的模型，然后导入 ZBrush 中进行细化处理，效果如图 4-27 所示。

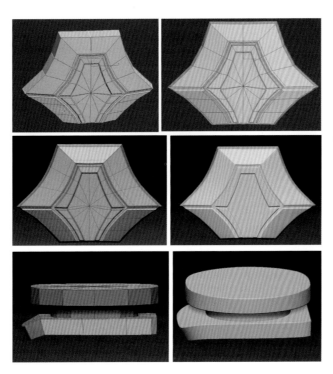

图 4-27

（7）手柄部分。

手柄部分的布线在 3ds Max 中需要重新优化一下，这样导入 ZBrush 里面细分的效果会更好。在 3ds Max 中连接相邻各点，环形选择后塌陷，调整一下布线，如图 4-28 所示。

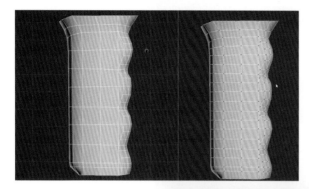
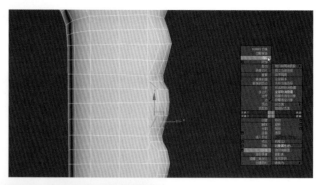

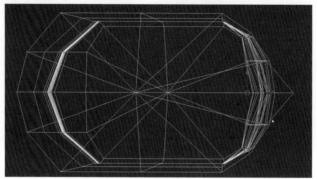

图 4-28

导入 ZBrush 后，执行 Groups By Normals 操作，效果如图 4-29 所示。

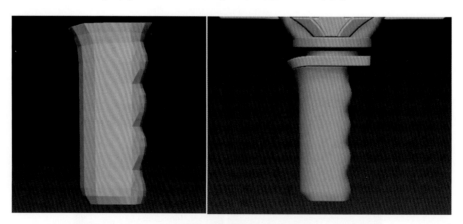

图 4-29

（8）底部柱状部分。

在 3ds Max 中选择并导出底部柱状部分的模型，然后导入 ZBrush 中进行细化处理，如图 4-30 所示。

（9）环状装饰部分，见图 4-31。

在环状装饰部分处理过程中，一定要注意把需要做出棱角的地方都用 Crease 命令加上硬边，如图 4-32 所示。

（10）钩状部分，如图 4-33 所示。

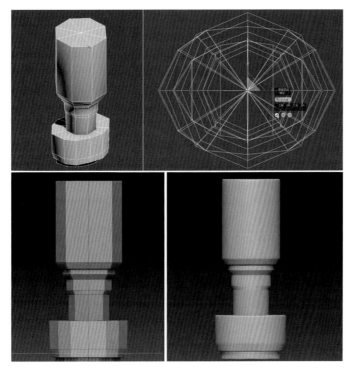

图 4-30

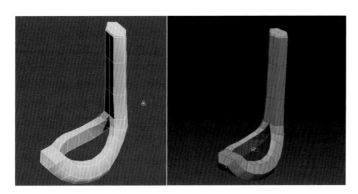

图 4-31

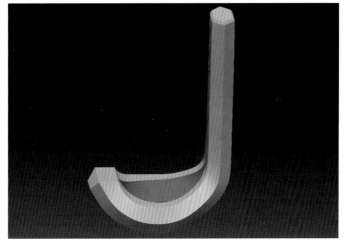

图 4-32

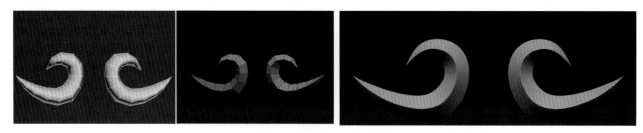

图 4-33

（11）角状装饰部分,如图 4-34 所示。

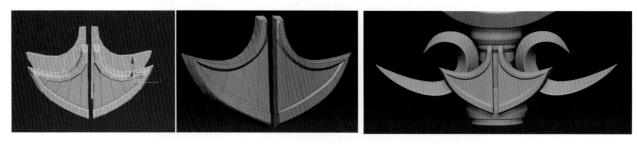

图 4-34

（12）刀柄尾端部分。

在 3ds Max 中,先将刀柄尾端的装饰封口,增加布线,然后进行分离处理,再导入 ZBrush 中进行细化,如图 4-35 所示。

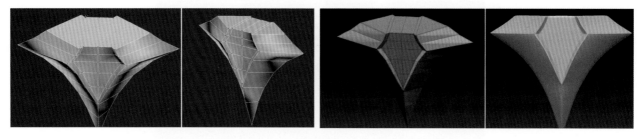

图 4-35

（13）宝石外框部分,见图 4-36。

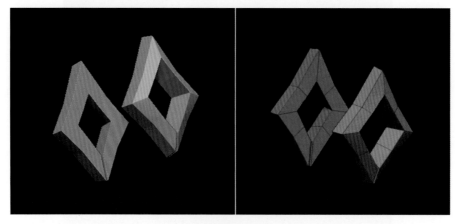

图 4-36

(14)菱形宝石部分,见图4-37。

图 4-37

通过这些步骤,我们可以完成刀柄部分的高模制作及细化。

4.3
ZBrush 钢刀高模细化

下面制作把手部分的细节。

按住 Ctrl 键并配合鼠标左键选择区域,将把手上铁片的区域给框选出来。(见图4-38)

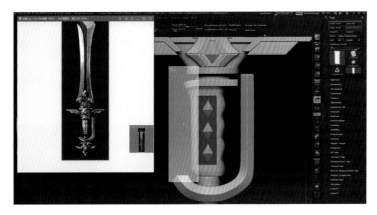

图 4-38

在左下角为其做一个倒角,并调整框选的形状,如图4-39所示。

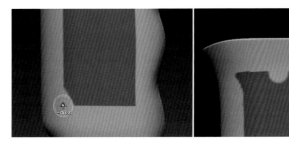

图 4-39

接着进行细分(快捷键:Ctrl+D),如图 4-40 所示。

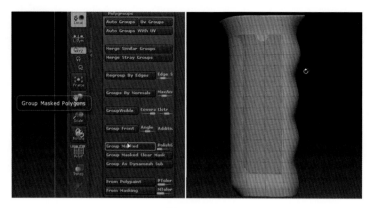

图 4-40

接下来扩大选区。之前使用的是 SharpenMask 命令(在 Masking 菜单下)来锐化选区,此时需要调整其边线,如图 4-41 所示。

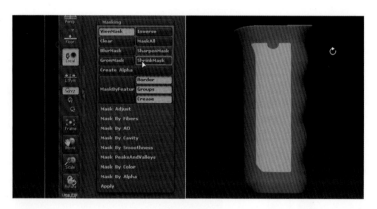

图 4-41

对选区进行 Feather(在 Masking 菜单下找到 BlurMask),然后使用 Inflate 命令(在 Deformation 菜单下)对选区进行挤压,如图 4-42 所示。

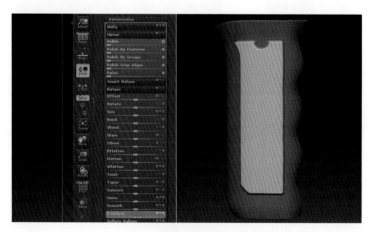

图 4-42

大致的效果如图 4-43 所示。

制作刀柄上的小孔时,先选择孔的位置,使用 Inflate 命令挤压,就能制作出孔来,如图 4-44 所示。

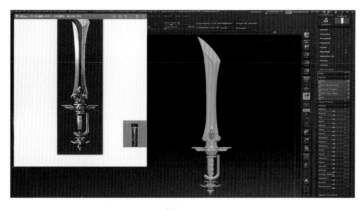

图 4-43

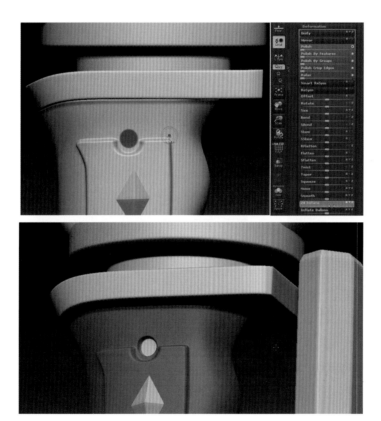

图 4-44

按住 Alt 键点选,拉出一些厚度,稍微调整各部分位置。在此处使用 Ghost Transparency （在 Transform 菜单下找到 Transp)做一个凹槽一样的结构,见图 4-45。

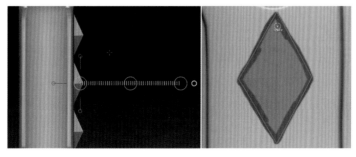

图 4-45

制作好选区后,使用 Rect 命令(在选择工具下)来调整形状,按住 Ctrl＋Alt 键并使用鼠标左键减选。在 Masking 菜单栏里选择 BlurMask 来羽化选区,然后使用 Inflate 命令。(见图 4-46)

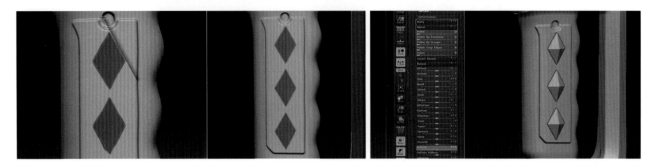

图 4-46

使用 Move 工具继续调整宝石的位置。使用 Smooth 命令进行平滑处理。使用 Move 笔刷,按 Ctrl＋Alt＋Shift 键并单击笔刷,出现提示后按下 2 键,然后调整凹陷边缘。按住 Shift 键,单击鼠标左键并拖动进行平滑处理。完成效果如图 4-47 所示。

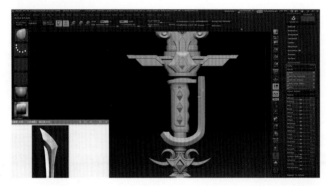

图 4-47

使用 Dam_Standard 笔刷在刀刃各处涂抹,随机制作出磨损效果。也可以通过选择其他通道,比如 Standard 或者 ClayBuildup 笔刷继续刻画。这样,划痕基本制作完成。(见图 4-48)

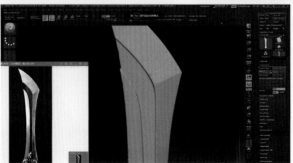

图 4-48

接下来,我们细化刀刃底部的螺旋状装饰部分。首先,将其单独显示,并在低细分级别下进行调整。按住 Alt 键,细化一些细节,以便勾画体现出一些层次感,让其展现出一层叠压一层的效果。然后,制作破损的细节,如图 4-49 所示。

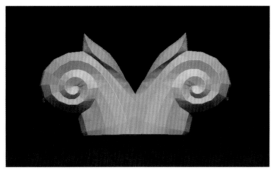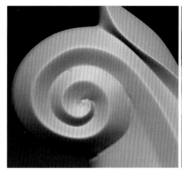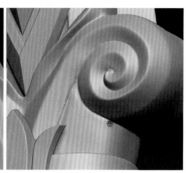

图 4-49

同样,进行翼状部分的细节刻画。先使其单独显示,然后绘制选区。调整选区后,给它分组,再在 Masking 菜单下选择 BlurMask 羽化选区。调整后,使用 Polygroup ▥ 进行分组,如图 4-50 所示。

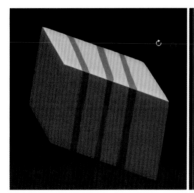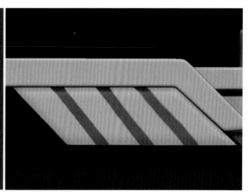

图 4-50

然后,使用 Inflate 命令进行反向挤压。这样,翼状部分就制作完成了。(见图 4-51)

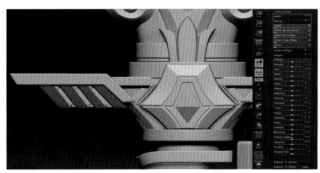

图 4-51

在"山"形结构的细化过程中,我们也需要对其边缘进行 Smooth 处理,以避免边缘过于锐利,如图 4-52 所示。

用同样的方式进行选区制作,并使用 Extrude 命令。(见图 4-53)

在得到的模型上进行雕刻,并调整笔刷强度以使模型更圆润,如图 4-54 所示。

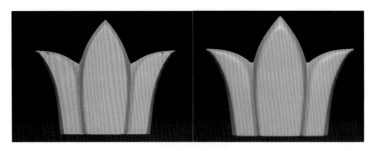

图 4-52

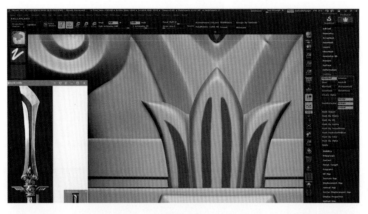

图 4-53

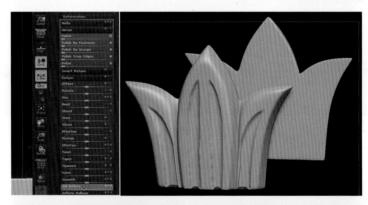

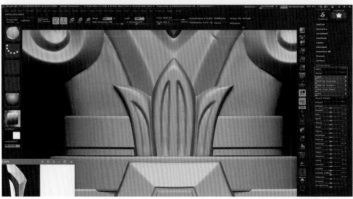

图 4-54

在把手下方制作一个小孔。首先创建一个选区，然后向内挤压，最后对边缘进行 Smooth 处理。（见图 4-55）

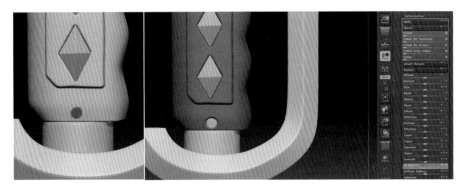

图 4-55

　　柱状部分也需要进行同样的操作：创建选区，挤压，并制作造型。完成后，对其进行 Smooth 处理。（见图 4-56）

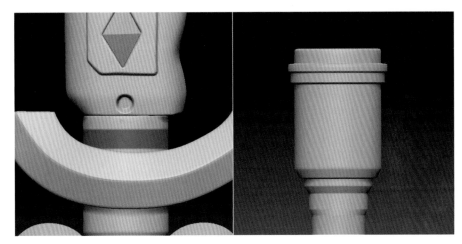

图 4-56

　　根据需要，在其下方制作一些细节，如图 4-57 所示。

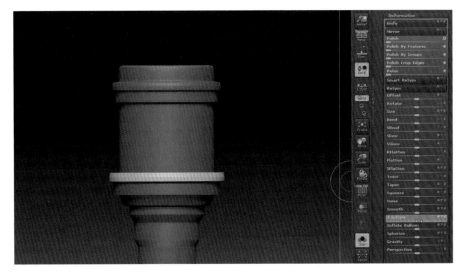

图 4-57

在刀柄尾部中间也进行类似的操作。先使其单独显示,创建选区,并在 Masking 菜单下选择 BlurMask 进行羽化选区操作。然后,进行向上突起的操作,平滑处理一些边缘。按照同样的步骤,制作出中部凹陷造型。(见图 4-58)

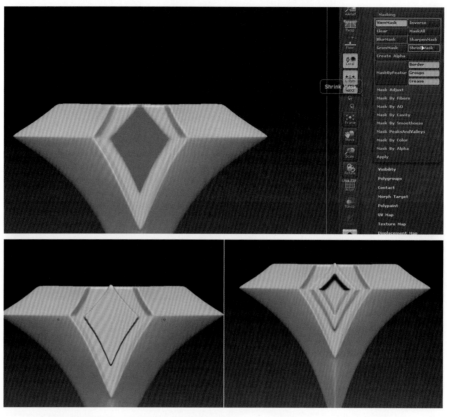

图 4-58

在角状装饰中,先按住 Ctrl＋Shift 键并配合鼠标左键来隐藏外框部分模型,然后将中间部分单独分组,如图 4-59 所示。

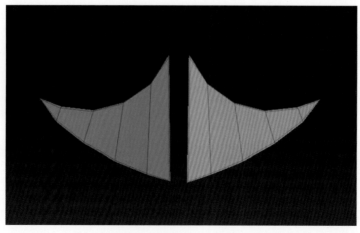

图 4-59

选择组,扩大选区,再使用 SharpenMask 以锐化选区,获取需要挤出的部分。调整后,对其进行 Smooth 处理,如图 4-60 所示。

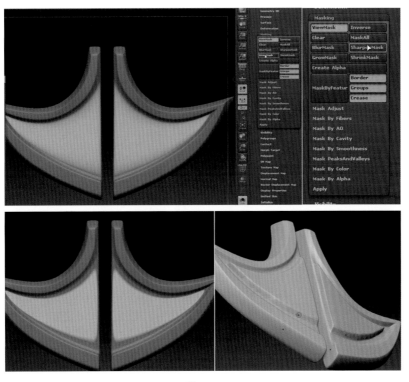

图 4-60

在中部装饰部分,使用 Shift＋D 快捷键在低细分级别下选择面,以便于我们更好地分组。然后,切换到高细分级别(按 D 键)来选择这个组。使用按 Ctrl 键并单击空白屏幕的方式来显示全部模型。(见图 4-61)

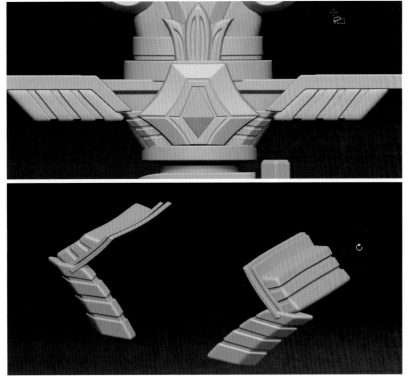

图 4-61

继续添加细节,对各种装饰进行破损处理。提高细分级别,在一些棱角处进行平滑处理。在对称模型的细化中,可以关闭对称工具。(见图 4-62)

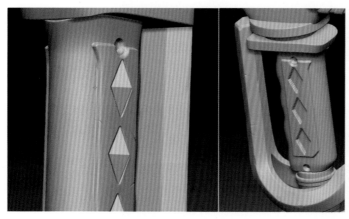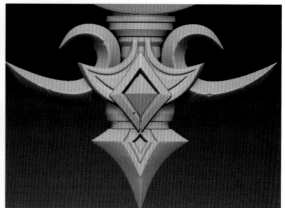

图 4-62

先切换到低细分级别,将所有的低细分级别模型导出。给所有模型分组。下面的所有模型都如此操作。(见图 4-63)

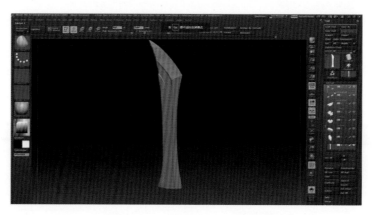

图 4-63

然后,使用 SubTool 中的 Merge 下的 MergeVisible 命令将所有模型合并。(见图 4-64)

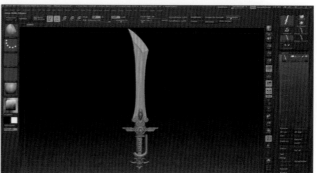

图 4-64

接下来,为其分组,保存后导入到 3ds Max 中。启动 TopoGun,并将之前的高模(刀柄部分)导入,如图 4-65 所示。

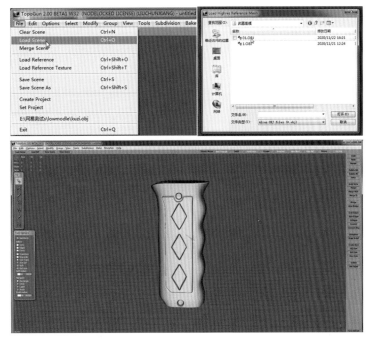

图 4-65

利用点建模工具勾画出刀柄铁片模型的外轮廓。建立点和线，使用 Bridge 工具将这些点连接起来并稍微调整它们的位置，形成桥接。（见图 4-66 和图 4-67）

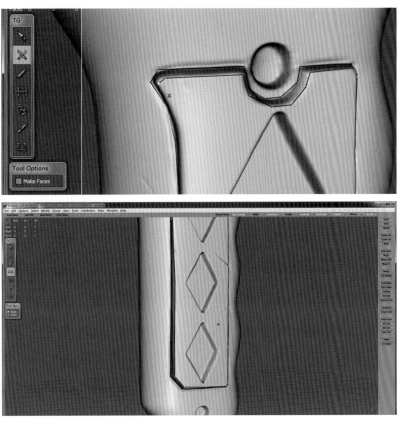

图 4-66

完成后保存这个模型。

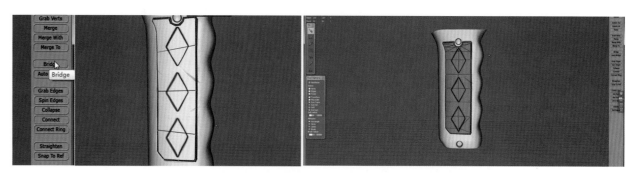

图 4-67

4.4
ZBrush 钢刀高模导出

回到 3ds Max,将在 TopoGun 中完成拓扑处理的模型导入,然后将其转化为可编辑多边形,如图 4-68 所示。

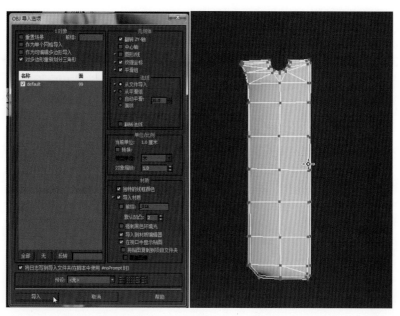

图 4-68

选择这些面,然后删除,如图 4-69 所示。

运用剪切工具将铁片的外轮廓剪切下来,并删除不需要的面。直接塌陷线段,并使用焊接命令进行点的焊接,如图 4-70 所示。

在 ZBrush 中,将这个圆柱体的高模也导出,然后在 TopoGun 中为它创建一个低模。在 3ds Max 中进行分离,并导出为 OBJ 格式。在 TopoGun 中选择 Load Scene。(见图 4-71)

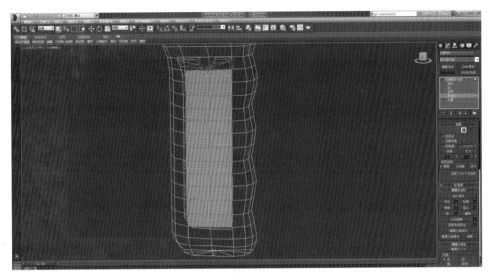

图 4-69

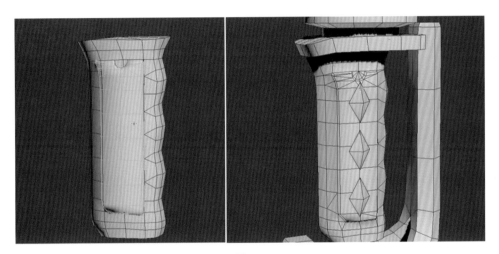

图 4-70

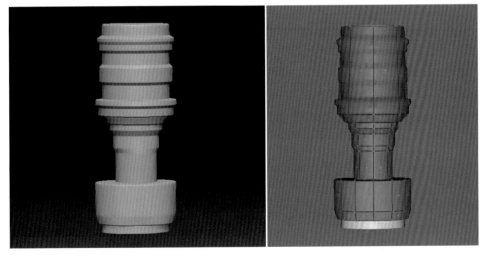

图 4-71

　　导入模型后,为它增加一些线段,稍微调整线段的位置。利用环形选择进行连接。点选后进行调整,如图 4-72 所示。

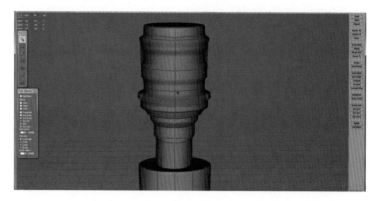

图 4-72

　　调整后保存模型,将其导入 3ds Max 中,删除原来的模型,并将新的模型附加到一起。

　　同样地,为尖角部分重新进行拓扑处理,创建一个低模。按照同样的步骤,在 TopoGun 中制作出孔的细节。添加线并将它们连接起来。(见图 4-73)

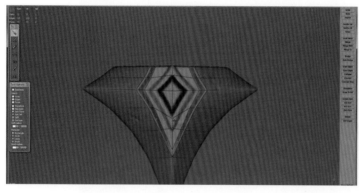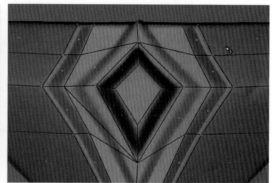

图 4-73

　　在低模制作完成后,将它导出,然后导入 3ds Max 中。

　　在此介绍一个可减少面数的工具,即 Decimation Master。如果模型的细节精度过高,会耗费大量的计算资源,因此我们需要降低面数。首先设置好减少的百分比,然后预计算一下,再使用 Calculate 命令,可以看到面数已经减少。如果面数仍然过高,可以重复以上步骤。(见图 4-74)

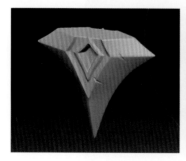

图 4-74

　　处理其他模型时,操作步骤都是一样的。先将所有模型的面数减少,预计算一下,然后使用 Calculate 命令。待所有的模型已经被合并在一起,合并后的模型可以导出为高模,如图 4-75 所示。

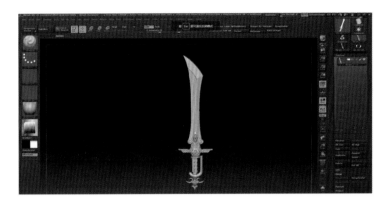

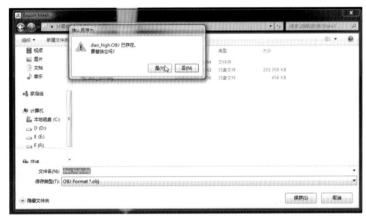

图 4-75

将低模模型合并在一起并导出,如图 4-76 所示。

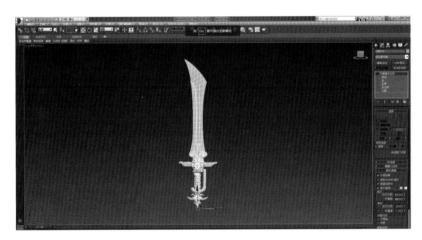

图 4-76

Sanwei Youxi Jianmo Shixun Jiaocheng

第五章

PBR次时代钢刀的
材质表现与渲染

5.1
Unfold3D 钢刀 UV 拆分

打开 Unfold3D 软件,并导入 OBJ 格式的模型,如图 5-1 所示。

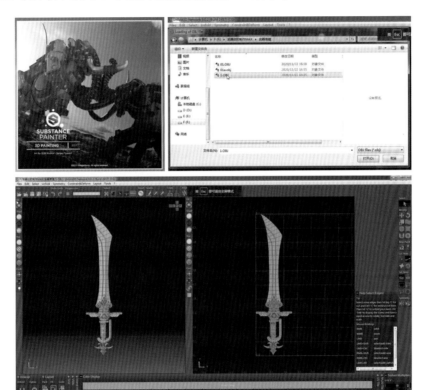

图 5-1

首先,我们需要选择待拆分的接缝,如图 5-2 所示。

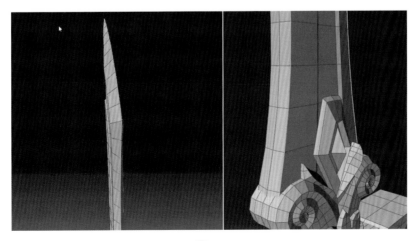

图 5-2

　　若在线段模式下选择接缝,我们需要考虑到在进行 UV 拆分时接缝的位置应如何选择。如果选择了接缝,使用拆分工具时它变为橙色,则说明已经确定了该接缝,如图 5-3 所示。

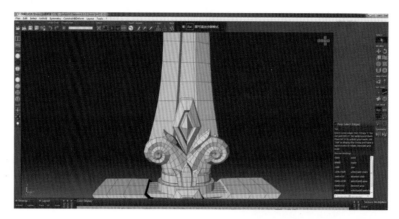

图 5-3

　　继续选择更多的拆分点。在选择接缝时,尽量选择那些不易被看到的地方,比如侧面,尽量避免把接缝放在正面。如果能把接缝放在内侧,尽量放在内侧。在线框模式下选择这些接缝,选择好后,单击拆分按钮。通常情况下,接缝都放在侧边或底部的位置。选择好接缝后,单击破开按钮,效果如图 5-4 所示。

图 5-4

　　我们可以按住 Ctrl 键并单击边缘选择接缝,或者按 Alt 键智能选择边缘。我们可以分开拆分模型,即将内部模型分离出来,然后导入 Unfold3D 中进行拆分。拆分完成后的效果如图 5-5 所示。

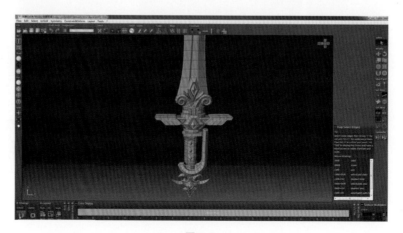

图 5-5

单击左下角的 U 形拆分图标 U，模型的 UV 就会被拆分好，如图 5-6 所示。

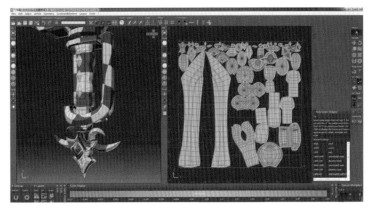

图 5-6

此时，我们可以看到许多蓝色和橙色的区域，这些区域出现了拉伸现象。单击左边菜单栏里的棋盘格材质球，便可以显示出棋盘格。

在有拉伸的地方，我们可以继续使用拆分工具 进行拆分，如图 5-7 所示。

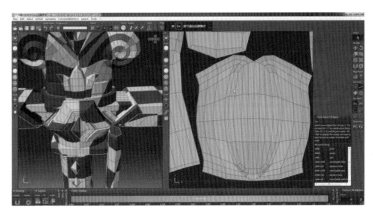

图 5-7

单击 O 形的拆分图标 O，然后再单击其右边的自动分布按钮 ，这样，我们可以看到 UV 的摆放非常合理，基本上没有什么拉伸的现象，如图 5-8 所示。

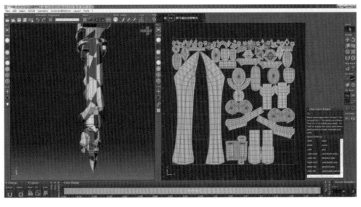

图 5-8

接下来我们需要在 3ds Max 软件中重新排列 UV，因为这些 UV 中仍有一些空间被浪费了，中间还有许多空隙。

5. 2
3ds Max 钢刀 UV 整理

打开 3ds Max，然后导入我们刚刚在 Unfold3D 中拆分好 UV 的模型，如图 5-9 所示。

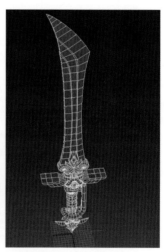

图 5-9

我们来检查一下模型的 UV。打开材质编辑器（快捷键：M），并给模型分配一个灰色的材质球，见图 5-10。

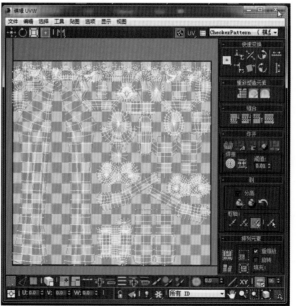

图 5-10

接下来,我们需要翻转并统一模型的法线。选择一个棋盘格材质,为其设置纵深值为 50,如图 5-11 所示。

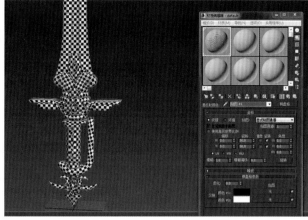

图 5-11

接着,打开 UV 编辑器,对 UV 进行摆放,如图 5-12 所示。

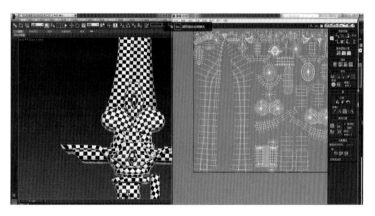

图 5-12

在摆放 UV 时,要尽量保证紧凑,避免浪费空间。可先将一些大块的 UV 放入 UV 框内。整理完成后的效果如图 5-13 所示。

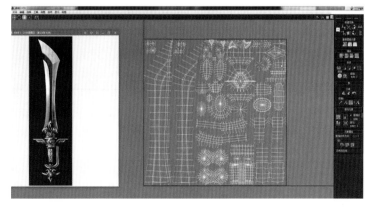

图 5-13

5.3
Substance Painter 材质 ID 制作

启动 Substance Painter(SP),选择导入界面,从模板中选择"Metallic Roughness SSS",并导入已经分好 UV 的低模,将分辨率设定为"1024",如图 5-14 所示。

图 5-14

在导入之后,单击界面右侧的烘焙模型贴图按钮,设定输出尺寸为"4096",取消选择其他贴图选项,观察灰度模式的效果。单击图标 添加高模。对前方距离进行设定,以控制烘焙模型的匹配程度,如图 5-15 所示。

图 5-15

可以看到烘焙的效果,如图 5-16 所示。

随后,重新勾选所有贴图,调整最大前方距离和最大后方距离,可以看到,贴图已经烘焙出来了,这个模型已经拥有了 AO(环境光遮蔽)效果,如图 5-17 所示。

如果某部分模型缺失了,可以回到 3ds Max 并附加缺失的部分。然后回到 Substance Painter,选择"项目文件配置"并重新导入,如图 5-18 所示。

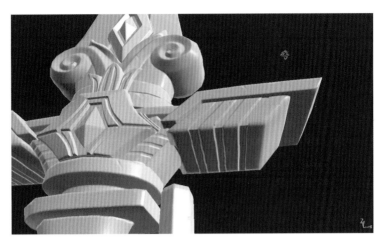

图 5-16

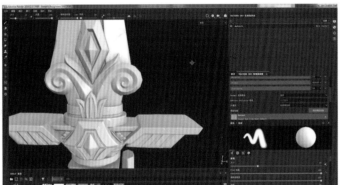

图 5-17

图 5-18

　　在右侧"图层"面板中新建一个文件夹,新增一个填充图层并放到文件夹里面。选择一种颜色,例如蓝色。(见图 5-19)

　　在图层中新增一个蒙版。选择 3D/2D,显示贴图界面,见图 5-20。

　　在元素选择模式中选择刀刃,然后选择表面。我们先选择刀刃部分的白色区域,进行框选,然后导出为 OBJ 文件。在二维贴图模式下,可以选择在三维模式中看不见的面。在框选过程中,需要通过调节右下角的黑白滑动键,来决定是加选还是减选,其中黑色代表减选,白色代表加选。(见图 5-21)

图 5-19

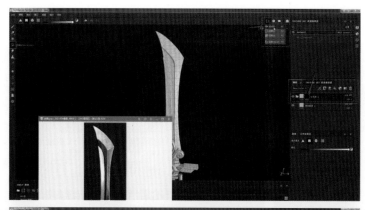

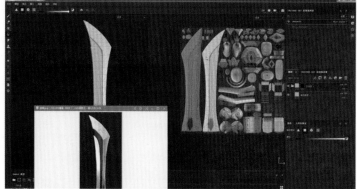

图 5-20

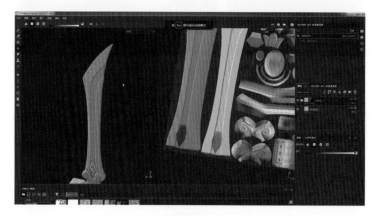

图 5-21

可以通过调整画笔 Alpha 的硬度来修改其透明度,将其设定为 100,然后按住 Shift 键用直线画笔去除多余的部分。(见图 5-22)

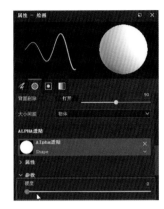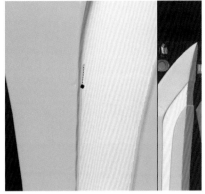

图 5-22

新建一个文件夹,选择一种颜色,如黄色,然后将其添加到文件夹中,再添加一个遮罩,并进入元素选择模式,在对照原画的基础上,框选出所有的金色金属部分,如图 5-23 所示。

图 5-23

按照同样的方式,新增填充,选择其他同类元素部分,包括刀身的银白色金属部分、宝石部分以及刀刃的凹槽部分等。至此,武器的材质 ID 制作基本完成,如图 5-24 所示。

图 5-24

5.4
Substance Painter 整体材质添加

　　下面给模型添加材质。展开 SHELF 展架，找到 Smart Materials 智能材质，并寻找一个自己满意的材质，直接将其拖入相应的材质文件夹中，如图 5-25 所示。

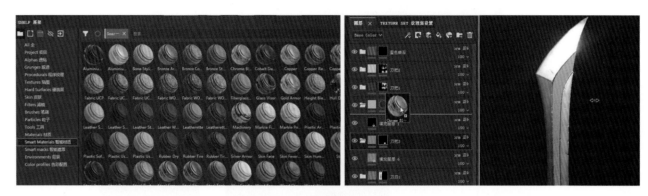

图 5-25

　　选择一个接近自己需要的有铁锈效果的材质球，可以尝试开关其图层，看一下这对材质产生了什么影响。在下方的材质设置中，可以通过调整"平衡"或"对比度"参数来调整铁锈的效果。还可以调整"比例"参数，即铁锈贴图的迭代次数，直到达到满意的效果为止。（见图 5-26）

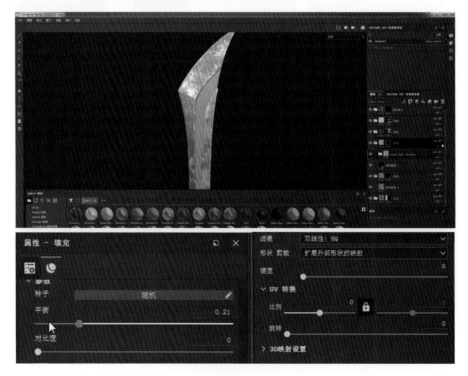

图 5-26

接下来,选择一个金色的金属材质,将其填充至金属材质的文件夹中。如果颜色有差异,可以使用吸管工具从原画中取色。这样,金属部分的材质制作就完成了,如图 5-27 所示。

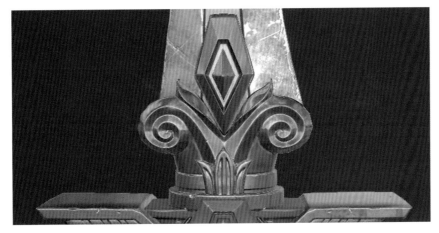

图 5-27

然后,找一个银色的金属材质,放入图层中看看效果如何。找到最接近我们想要效果的材质,调整参数,使其符合所需,如图 5-28 所示。

图 5-28

按照同样的方式,为武器的所有部分添加材质。完成后的效果如图 5-29 所示。

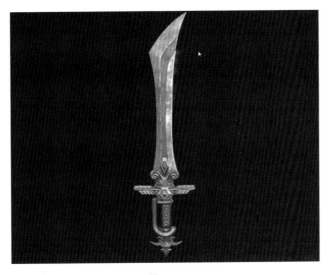

图 5-29

5.5
Substance Painter 材质细化

下面处理刀刃部分。可以切换到贴图模式,此时显示的是 Diffuse 状态下的模型。可以看到,刀刃的锈迹图层具有一定的边缘磨损效果,如图 5-30 所示。

我们可以添加一个填充图层,并选择环境光遮蔽图(Ambient Occlusion Map from Mesh default)作为它的通道,然后添加一个位图遮罩(Bitmap Mask)并选择填充,再添加一个色阶(Levels)以调整色阶。(见图 5-31)

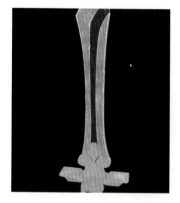

图 5-30

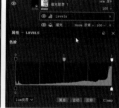

图 5-31

为了参考,我们可以打开原画,并关闭一些不需要的属性。在刀刃上,我们可以添加一个绘图图层并选择 Alpha 通道,如图 5-32 所示,然后选取一个带有纹理的笔刷在刀刃上画一些深浅变化的纹理,以防止刀刃看起来过于平滑。

图 5-32

接下来,我们可以调整 Roughness(粗糙度)和 Metallic(金属光泽度)来调整金属的表现效果。在绘画时,刀刃与刀柄的连接处可以画得深一些,刀口处画得亮一些,以突出刀刃的锐利度。(见图 5-33)

接着可以添加一个绘图图层,绘制锈迹效果。一般来说,接近刀柄的部分会有更多的锈迹,而刀刃中间

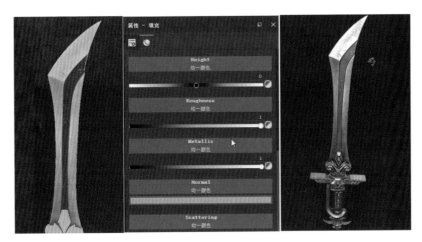

图 5-33

的部分会有较少的锈迹。如果锈迹太深，我们可以修改锈迹的颜色，或者减弱它的强度，如图 5-34 所示。

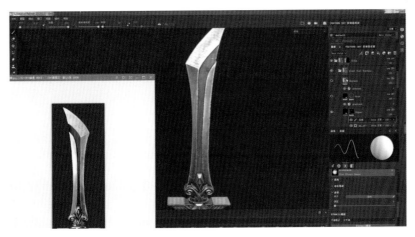

图 5-34

在添加了锈迹效果后，如果觉得太脏，可以调整参数来降低污渍的强度，还可以在污渍文件夹中新建一个填充图层，制作一些锈迹效果，调整一下锈迹的扩散度，以保证锈迹不会过多，如图 5-35 所示。

图 5-35

针对刀刃中的凹槽部分,我们可以创建一个填充图层,吸取原画中的颜色,然后添加一个黑色的遮罩,再添加一个绘图图层,将接近刀柄的颜色画深一些,以此来模拟颜色变化。另外,我们还可以添加一些泥土污渍效果,如图5-36所示。

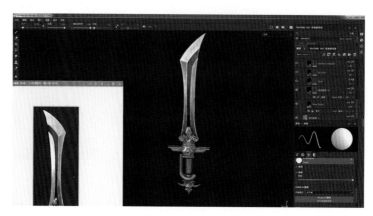

图 5-36

对于金属部分,我们也可以在文件夹中创建一个填充图层,添加一个生成器,导入一种类似锈迹的材质。(见图5-37)

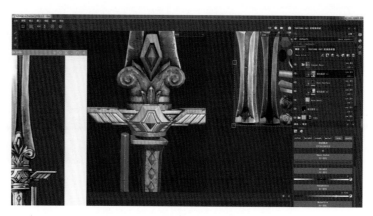

图 5-37

然后,使用画笔工具擦去一些不需要的锈迹,继续优化材质。

新建一个填充图层并选择黑色遮罩,然后只留下高度贴图,选择一个带有划痕、破损效果的 Alpha 通道。调整 UV 比例后,划痕效果就完成了。(见图5-38)

图 5-38

继续调整银色金属和宝石部分的材质。这些细化的步骤基本相同,需要对照原画细节灵活调整。(见图 5-39)

图 5-39

在制作手柄斜纹时,我们可以新建一个填充图层并添加黑色遮罩。再添加一个填充图层,选择一个带有斜纹效果的贴图,然后调整 UV 比例、颜色以及粗糙度,从而实现立体斜纹的效果。(见图 5-40)

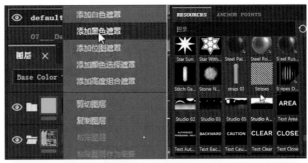

图 5-40

在完成了各部分材质的细化工作后,整个钢刀的材质制作也基本完成了。下一步,我们需要将完成的贴图导出,并进行刀刃的渲染。

5.6
SP 贴图导出与八猴渲染

在 Substance Painter 中,我们已经完成了贴图的工作。接下来,我们需要将这些贴图导出。可以使用快捷键 Ctrl+Shift+E 来打开导出文件对话框,选择一个文件夹来保存贴图。在文件格式选项中,选择 TGA(targa)格式,并将大小设为"4096×4096",如图 5-41 所示。贴图导出完成后,我们将转到八猴(Marmoset Toolbag)进行渲染。

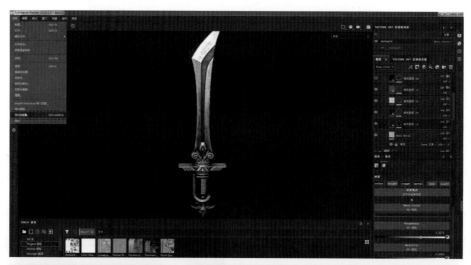

图 5-41

打开 Marmoset Toolbag,点选 Import Model 并导入做好的模型,如图 5-42 所示。

图 5-42

删除一个材质球,然后给模型添加一个法线通道,并在 Surface 一栏中找到 Flip Y,反转法线的 Y 轴。此时,可以看到模型的大致渲染效果。(见图 5-43)

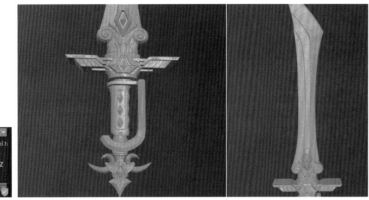

图 5-43

接着,我们需要将刚刚在 Substance Painter 中导出的贴图导入 Marmoset Toolbag 中。分别选择 BaseColor、Metallic 和 Roughness 贴图,如图 5-44 所示。

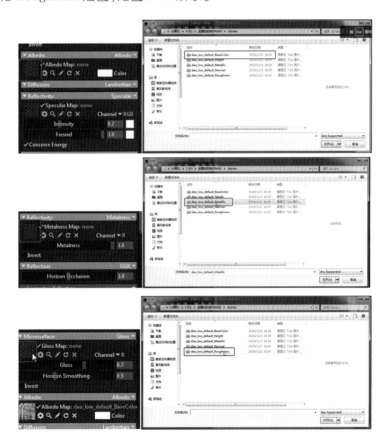

图 5-44

然后,选择一个天空盒子作为背景。可以试试每一个天空盒子,找出最适合模型的背景,如图 5-45 所示。

接下来,我们需要调整一下贴图的参数,并将背景设置为颜色,添加一个灯光,并调整亮度,再创建一个灯光,放在模型的右下方,作为背光,如图 5-46 所示。

图 5-45

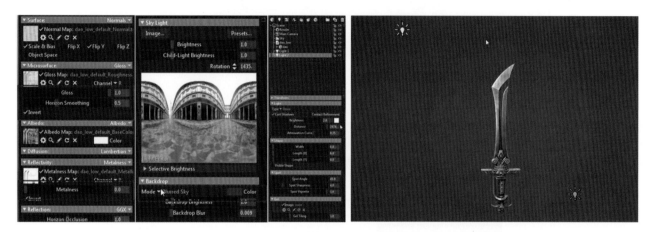

图 5-46

　　此时,我们可以截取模型的图片。在截图设置 Capture＞Image 或 Capture Settings＞Image 中,将图片大小设置为"3840"×"2160",如图 5-47 所示,然后单击"OK"按钮。使用快捷键 F11 来渲染图片。渲染完成后,可以在桌面上找到刚刚截取的图片。至此,钢刀的建模和渲染工作就全部完成了。

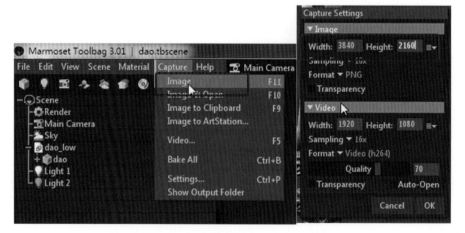

图 5-47

第三部分

手绘游戏场景
——崖边古松
模型制作实践

在游戏建模实训教程的第三部分,我们将会进行一个富有诗意的手绘小场景的模型制作,场景名为"崖边古松"。

这个场景虽然规模小,但却涵盖了丰富的元素。场景中的每一个元素都有其自己的特征,正如大自然中的每一片叶子、每一颗石头一样。为了复原这个小而美的场景,我们将使用 3ds Max、BodyPaint 3D、Photoshop 和 Unfold3D 等工具,细心打造每一处细节,运用 3D 模型制作的一些重要技能。

在第六章,我们将会制作基础模型并进行 UV 整理,包括石头、主树干、后方树根以及叶片的模型制作。我们会学习如何细心制作每一处细节,让模型看起来更加逼真。

在第七章,我们将会借助 BodyPaint 3D 进行贴图绘制及渲染。这涉及底色贴图的绘制,石头、树干以及树叶纹理的绘制,以及贴图处理和透贴(透明处理)准备。我们将学习如何绘制和处理贴图,使其更符合我们的目标场景。

通过这个练习,我们将能够全面理解 3D 建模的流程,掌握各种建模技巧,并学会如何将不同的元素和细节融合在一个统一的场景中。这将是我们在 3D 建模学习旅程中的一次重要实践。

Sanwei Youxi Jianmo Shixun Jiaocheng

第六章

崔边古松基础模型
制作及UV整理

6.1
石头等模型制作

　　我们首先选择 3ds Max 作为制作模型的工具。打开图像文件，加载参考图（原画），并调整窗口位置。为了保证模型比例，我们在界面中创建一个平面。在"修改"面板中将"长度分段"和"宽度分段"都设为 1。根据原画大小，调整平面的长宽，以防止图像拉伸，设置为"4600"×"6000"。（见图 6-1）

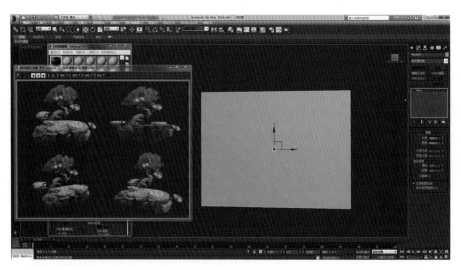

图 6-1

　　然后，打开材质编辑器（快捷键：M）。将参考图直接拖到材质球中，如图 6-2 所示，单击贴图按钮。这样，我们就将材质球赋予平面了。

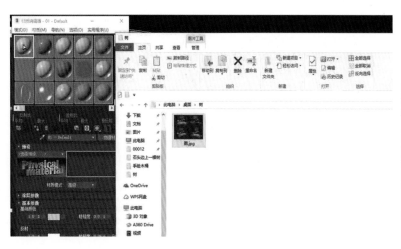

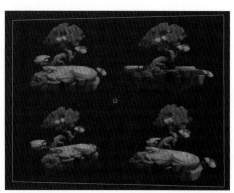

图 6-2

　　在 3ds Max 中，右键单击对象，选择"对象属性"，在弹出的窗口中，将显示属性和渲染控制的设定从"按层"改为"按对象"，并取消勾选"以灰色显示冻结对象"。然后我们稍微缩小平面，以确保网格的可见性，防

止模型过大。（见图 6-3）

　　将平面放在网格中央，稍向后拖动，并关闭网格显示（按 G 键）。然后选择平面，右键选择"冻结选择"。仔细观察石头的基本形状，选择长方体，并在前视图（按 F 键）中创建一个相似大小的长方体作为石头的基本形状，并调整其长、宽、高。（见图 6-4）

图 6-3

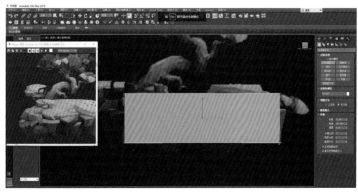

图 6-4

　　将坐标轴对齐到对象中心（快捷键：Alt＋A）。右键单击 X、Y、Z 轴的箭头可以将模型居中对齐到世界坐标。（见图 6-5）

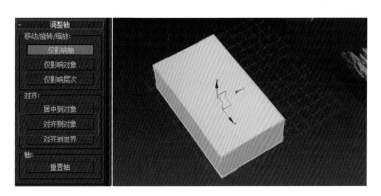

图 6-5

　　将此模型转换为可编辑多边形，按 4 键，选择底部的面，然后删除（按 Delete 键）。打开材质编辑器（按 M 键），将一个无材质的材质球赋予模型，然后将模型的线框颜色改为黑色，使其更易于观察，如图 6-6 所示。

　　进入顶视图（按 T 键），切换到边编辑模式（快捷键：2），按 Ctrl＋Shift＋E 连接一圈线，或者单击右键后选择连接也可以。键盘上方的数字键 1～5 分别对应顶点、边、面等的选择模式，利用这些快捷键为模型快速添加几条边，如图 6-7 所示。

　　添加完新边后，切换到顶点选择模式（快捷键：1），调整这些顶点以形成石头的大概轮廓。注意石头的弧度，对于太近的顶点，可以进行合并（快捷键：Ctrl＋Alt＋C）。所有的面都需要正确地连接。一旦模型具

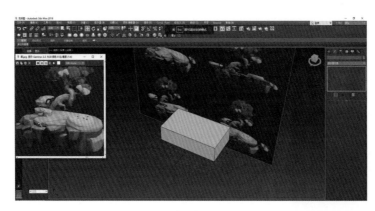

图 6-6

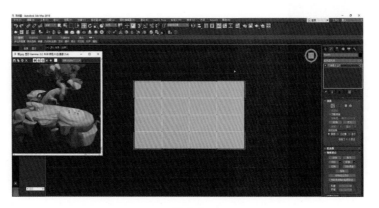

图 6-7

有了基础形状，就可以开始对其进行更精细的调整。如果细节不足，可添加更多的线，尽可能地与原画中的形状一致。（见图 6-8）

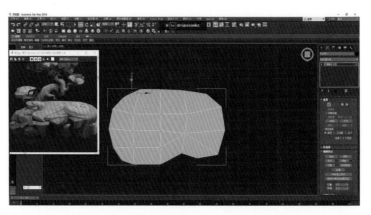

图 6-8

切换至透视视图（快捷键：P），选择整个元素，将平滑组全部清除（按快捷键 Ctrl＋A 全选，然后在右侧参数面板中选择全部清除）。如此一来，模型将不会表现得过于光滑。接着观察模型形状是否符合预期，也可以切换至顶视图（快捷键：T）进行进一步调整。（见图 6-9）

在进行场景建模时，模型的比例至关重要。全局观察一下，下方的岩石呈现参差不齐的状态，可见后方的石头实际上较长，因此我们需要调整石头的弧度，如图 6-10 所示。

石头并不可能完全垂直，我们选择底部边界（快捷键：3），然后进行缩放（快捷键：R），以产生一个斜度，如图 6-11 所示。

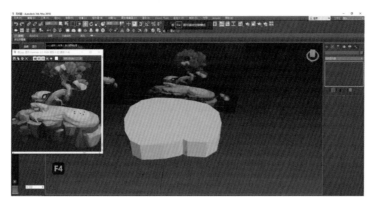

图 6-9

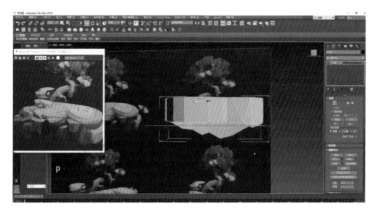

图 6-10

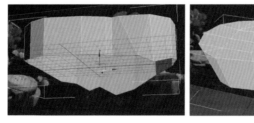

图 6-11

继续观察原画,会发现存在一个凸出的棋盘状部分以及其下的石台。我们可以使用圆柱体命令(快捷键:C)在对应的位置拖出一个圆柱体,然后将圆柱体的高度分段和边数分别改为 1 和 10。(见图 6-12)

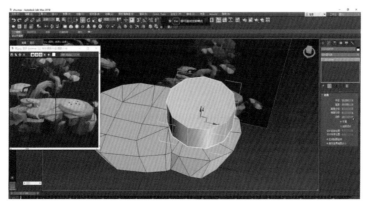

图 6-12

　　将圆柱体转换成可编辑多边形(快捷键：5)，去掉底部面(快捷键：Delete)，并适当调整高度，以便将其陷入石头内。然后进行缩放，形成一个斜度，如图 6-13 所示。

图 6-13

　　然后对石台部分进行调整，注意左右两侧的空隙以及与其相对应的比例。可以看到，石台的一侧与下面的主体部分融合在一起，稍后我们将进行处理。石台并非完美的圆形，需要创造出相应的弧度，再去掉平滑组，如图 6-14 所示。

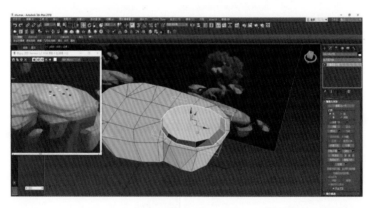

图 6-14

　　接着，处理上面的棋盘部分。选择顶部的面(快捷键：4)，按住 Shift 键，复制一份出来。然后使用边界选择工具(快捷键：3)，按住 Shift 键拖曳，即可直接挤出一段。适当调整弧度后，我们在顶部得到了一个较小的部分。棋盘模型的比例非常重要，务必耐心调整。(见图 6-15)

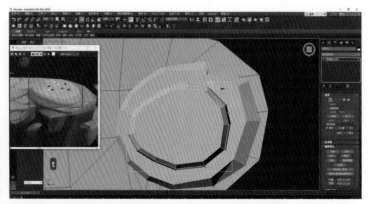

图 6-15

接下来进行材质修改,将边框颜色修改为黑色。调整主体物的对象属性,将可见性设置为 0.1 或更低,这样模型会呈现透明状态,我们就可以透过模型看到后面的参考图。也可以直接按 Alt＋X 快捷键将模型设置为半透明状态。(见图 6-16)

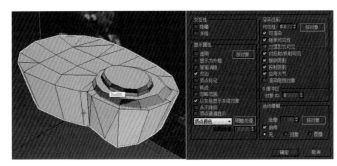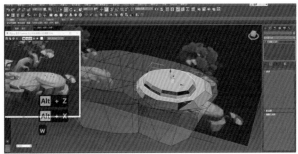

图 6-16

模型基本完成后,我们开始制作旁边的小碎石。我们还是使用长方体(快捷键:X)来确定石头的大小和位置。然后将模型转换成可编辑多边形,修改对象属性,将底部的面删去。

如图 6-17 所示,这个模型是三角形的样子,我们添加一条线(快捷键:Ctrl＋R),对于不可见的面可以直接将其删除(快捷键:Delete),并稍微将模型陷入石头内部。

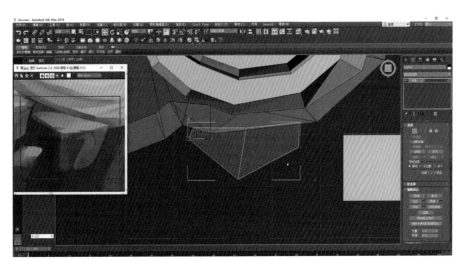

图 6-17

调整完成后,将对象属性恢复原状,并清除平滑组。

右侧的石块贴合大石头,它也有一个弧度。我们同样添加线,然后将其拖曳出弧度,如图 6-18 所示。

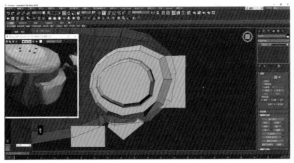

图 6-18

我们选择上方的面,挤出一段,并稍微进行缩放(快捷键:R),这样会形成一个斜坡。删除贴合的面,然后选择下方的点(快捷键:1),缩放并移动,形成斜度。这样,右侧的石块就完成了,如图 6-19 所示。

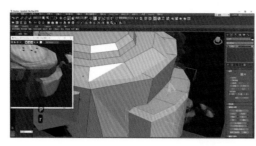

图 6-19

按同样的方法制作其他的碎石。如果有些体块阻碍视线,可以选择它们并隐藏。石头模型大致制作完成后如图 6-20 所示。

图 6-20

在指定位置用球体拉出一个小棋子模型,将分段数改成 10。稍微调整棋子的大小,然后在多边形模式下删除下方的面,将剩下的部分压扁一些,然后放在石头上,最后赋予其材质。这样,棋子模型的制作基本完成,如图 6-21 所示,按参考图复制出多颗棋子。

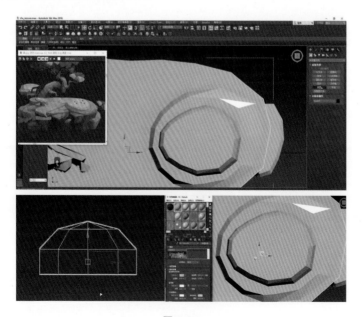

图 6-21

6.2
树干与树枝模型制作

　　下面制作树干模型,我们先将石头等部分模型全部隐藏,然后用圆柱体(快捷键:C)拉出一个与参考图树干差不多大小的物体。将高度分段改成1,边数改成12,然后转换成多边形(快捷键:5)。将其旋转到指定位置,如图6-22所示。

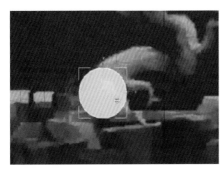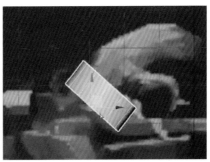

图 6-22

　　删除上下两个面(快捷键:Delete)。在边界模式(快捷键:3)下,按住 Shift 键挤出一截树干,适当调整角度和大小。将可见性调低(在对象属性中调整),便于对照参考图。旋转时不要过于僵硬,双击一条线段,可以快速选出这一圈的线。我们需要在有弧度的地方设置分段,如图6-23所示。

　　然后新建一个圆柱体(快捷键:C),在此分段上进行制作。在弧度不够的地方添加线段,然后连接点。在这里有一段是小树枝,我们可以直接让它塌陷,如图6-24所示。

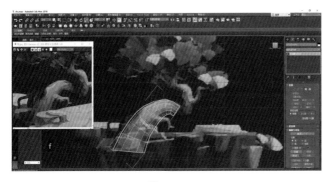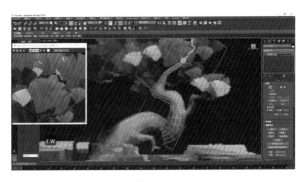

图 6-23　　　　　　　　　　　　　　　　　图 6-24

　　将两部分树干错开一些,放在场景中的大石头后面,然后继续调整树干,如图6-25所示。

　　我们需要将这个树干弯过来,让这个大的部分向一侧弯,然后把上面那个树干也弯一下,再将两部分合在一起。观察时要从多个角度看,不能只看一个角度,要让树干自然地弯曲,不能在某一段弯曲得特别厉害。按住 Alt 键单击鼠标右键选择"屏幕",将坐标轴切换到屏幕模式,这样移动起来会更方便,如图6-26所示。

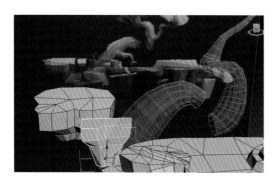

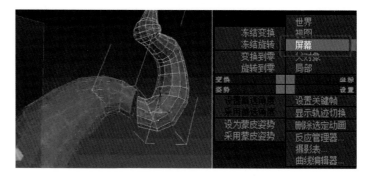

图 6-25   图 6-26

调整好后,将两部分连接起来,选择两个断口,利用桥接命令(在编辑面板里)将它们连接起来。然后选择环,将其塌陷。调整接缝的位置,使每段线尽量均匀一些。这样,树干就完成了,如图 6-27 所示。

接下来制作树枝,制作树枝的方法与制作树干的方法相同。同样创建一个圆柱体,调整大小。注意,如果树枝融入树叶中看不见了,可以将其顶点塌陷。另外,若树枝都在同一平面上,看起来不够自然,我们需要对它们进行不同角度的旋转,如图 6-28 所示。

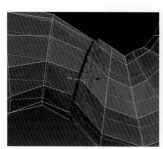

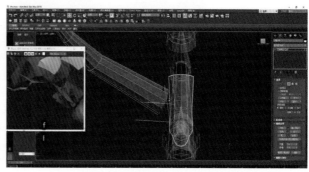

图 6-27   图 6-28

完成后,将对象进行附加,调整可见性为 1,并赋予一个材质。这样,树干与树枝模型部分的制作就完成了,如图 6-29 所示。

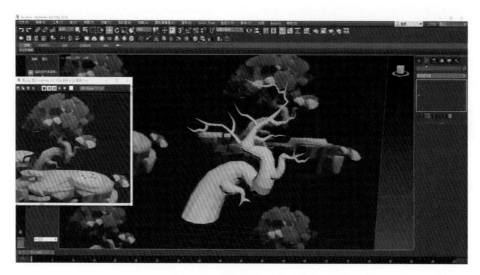

图 6-29

6.3
后方树根及叶片模型制作

　　对于后方树根模型的部分，我们同样使用圆柱体，找准位置，按照同样的方法进行制作。由于树根是插入树干内部的，为了保持面部的平整，我们可以使用目标焊接功能来进行处理；如果两个顶点非常接近，我们则可以使用塌陷功能。完成后，需要调整树根与树干的整体效果，以及它们与石块的位置关系，如图 6-30 所示。

图 6-30

　　对于叶片模型，我们直接使用平面创建，长度和宽度分段都调整为 1，然后适当调整其可见性。将叶片放置在树枝上，然后复制多份，制作出丰富的叶子效果，如图 6-31 所示。

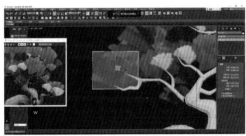 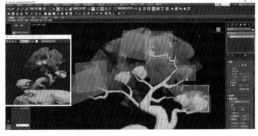

图 6-31

　　此处我们制作六片叶子，放置在树枝上，并旋转它们使其交叉。这样，叶片模型就完成了，如图 6-32 所示。

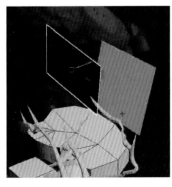 

图 6-32

6.4
模型展 UV 及导出

　　下面我们将对整个模型进行 UV 展开。首先,按住 Shift 键复制一份模型作为备份,并将其放入一个组中,然后隐藏。我们将模型分成两个部分进行 UV 展开,一部分是石头,一部分是树。我们先选择所有的石头,然后将选择的对象导出为 OBJ 格式,将树干部分全部导出。(见图 6-33)

　　模型部件较为琐碎,如果使用 3ds Max 自带的 UV 展开功能,可能会比较耗费时间,而且有些地方处理起来会比较困难,因此,我们将使用 Unfold3D 来对这个模型进行 UV 展开,这款软件的最新版本叫作RizomUV,如图 6-34 所示。

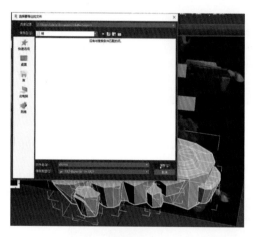

图 6-33

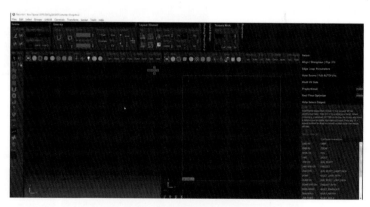

图 6-34

　　单击左上角的 Files＞Load,将我们的模型加载进来。左侧是三维视图,在其中按住 Alt 键配合鼠标左键可进行旋转,Alt 键配合鼠标中键用于移动,Alt 键配合鼠标右键或用鼠标滚轮单独滚动都可以进行缩放。(见图 6-35)

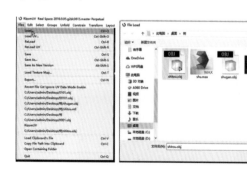

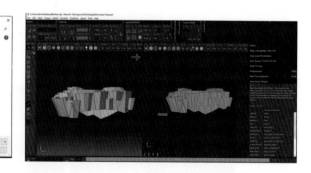

图 6-35

　　找到合适的位置,左侧有点、线、面元素,我们选择线工具█,选中一条线。按住 Ctrl 键可以加选线段,按住 Shift 键并将鼠标移至线段上会显示白色,单击后,白色的线将全部被选中,这样可以快速选择。我们将需要进行切割的位置的线段全部选中。一般在转角比较大的地方就需要进行切割。(见图 6-36)

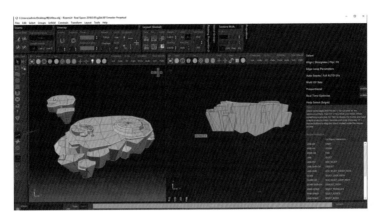

图 6-36

在左上角选择类似刀片的切割工具或者按快捷键 C,可以快速地将刚刚选好的线段全部切割。切割完成后,单击展开 UV 按钮。(见图 6-37)

图 6-37

右侧视图显示我们的 UV,按下 F 键,将视图复位。观察后发现,这条 UV 线很长,我们需要将其切开成两半。(见图 6-38)

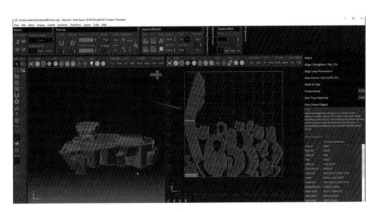

图 6-38

切割并展开 UV 后,单击旁边的优化 UV(即松弛)按钮几次,会发现 UV 都堆积在一起了,如图 6-39 所示。

接着在顶部中间找到"Pack"按钮,单击该按钮,UV 将自动进行排序,如图 6-40 所示。

然后,单击界面下方的"Off"按钮,去掉红色部分,将没有切割到的地方重新进行切割。打开棋盘格,查看棋盘格的拉伸情况,确保没有过度拉伸。在右上方可以调整棋盘格的大小。这样,UV 就展开好了。(见图 6-41)

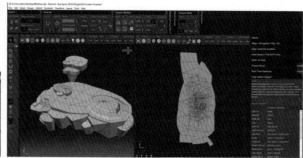

图 6-39

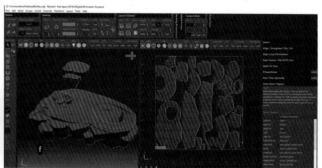

图 6-40

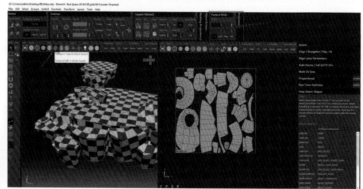

图 6-41

接下来，我们将对树模型进行 UV 展开。同样，先选好我们要切割的位置，展开情况如图 6-42 所示。

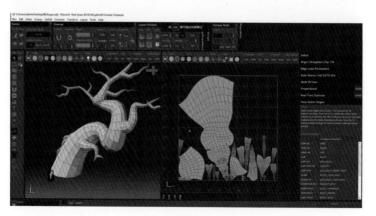

图 6-42

对于大片的部分,我们也需要进行断开,过度拉伸的地方也要断开。整理好后,单击棋盘格材质球,查看拉伸情况。(见图6-43)

完成后,回到3ds Max,将模型删除,然后直接导入新的UV模型。为避免出现错误提示,在导入时记得勾选"作为单个网格导入"选项,如图6-44所示。

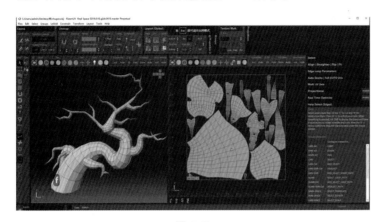

图6-43　　　　　　　　　　　　　　　　　图6-44

导入后,转换为多边形,稍微更改一下线的颜色。我们可以查看一下石头和树的UV,它们已经排布好了。(见图6-45)

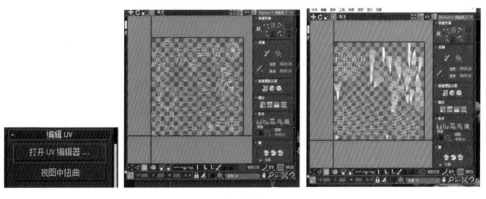

图6-45

对于树叶部分,我们会单独处理UV。直接拍平叶片并使用松弛工具松弛,然后将这些矩形摆正,放在框外。之后,我们就可以开始布置这个模型的UV了。(见图6-46)

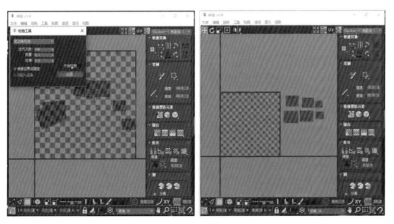

图6-46

选择模型元素,将部分元素分离出来,分解为一个个小部件。如果部分元素连在一起,可能会阻挡视线,对后续贴图操作将产生影响。(见图 6-47)

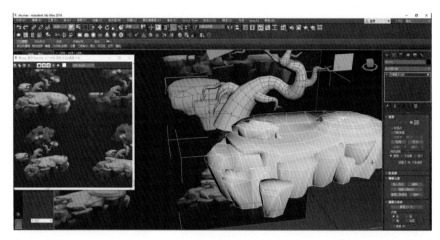

图 6-47

将前几个石头贴图作为一个 UV,然后重新布置这些 UV。也可以在 Unfold3D(RizomUV)软件中先将模型分组,再展开 UV。(见图 6-48)

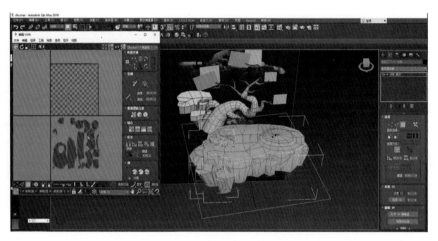

图 6-48

打开材质编辑器(快捷键:M),在漫反射部分找到通用部分,打开棋盘格选项。调整数值以改变棋盘格的大小,然后赋予材质。这样就可以在界面中看到棋盘格的密度了。(见图 6-49)

图 6-49

　　在展开 UV 时,尽可能摆得紧凑一些,每一块 UV 之间留一点空隙即可。整理好所有的 UV 后,检查一下棋盘格的效果。如果没有问题,将模型转换成可编辑多边形。(见图 6-50)

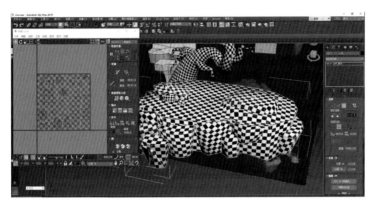

图 6-50

　　接下来,对先前分离并隐藏的部分赋予棋盘格材质。选择这几个部件,将它们合并在一起,然后打开 UV 编辑器进行调整。调整后,也将它们转换为可编辑多边形。最后,对树干等可进行一些微调。(见图 6-51)

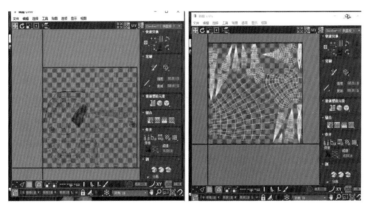

图 6-51

　　然后,选择渲染 UVW 模板命令,将尺寸设为"2048",更改线条颜色后保存为 PNG 格式,如图 6-52 所示。

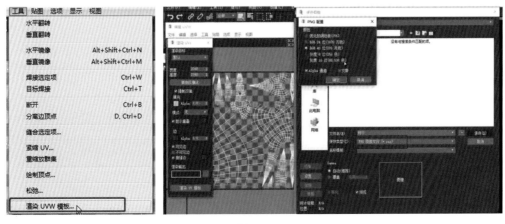

图 6-52

　　确认对之前分离的部分无须再进行修改后,将它们也导出。全部处理完毕后,将模型转换为多边形。为方便后续操作,给分离出来的小部件命名,并将它们附加在一起,比如命名为"shitou2",如图 6-53 所示,这样在后续绘制贴图时,查找会更加方便。

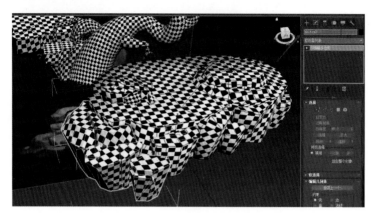

图 6-53

　　对于叶子部分,我们将它们附加在一起,一前一后地分开附加,然后命名。选择整个模型,复制一份,并对它们进行分组。

　　最后,选择模型,更改材质球的设置,将整个模型导出。如果发现有对象没有名字,我们可以找到与其在同一个 UV 上的对象,将它们附加在一起。这样,模型和 UV 就全部导出了。(见图 6-54)

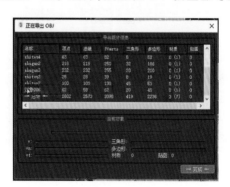

图 6-54

第七章

BodyPaint 3D贴图
绘制及渲染

7.1
底色贴图绘制

首先,将三个 UV 线条文件拖动到 Photoshop 中,并在图层最底下新建一个空白图层,将 UV 线条图层重命名,然后将图像模式改为"8 位/通道"。保存后,生成其他两个 PSD 文件。(见图 7-1)

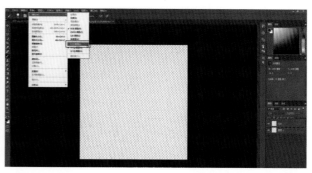

图 7-1

启动 BodyPaint 3D 并将模型导入。在对象面板中,删除每个部件的白色材质球。(见图 7-2)

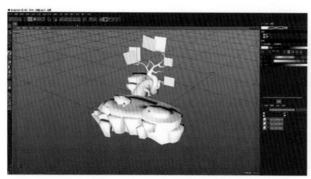
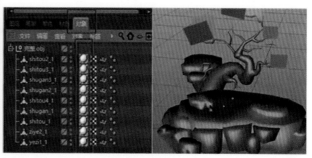

图 7-2

将相应的 PSD 文件拖动到模型上,单击取消红色警告标记。在显示面板中,启动"常量着色(线条)"和"等参线"显示。(见图 7-3)

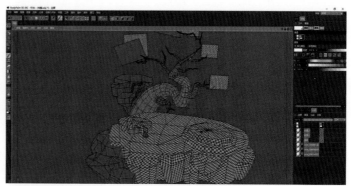

图 7-3

将材质球拖动到相应的部件上,为整个模型添加材质。这样,整个模型就有了材质,如图 7-4 所示。

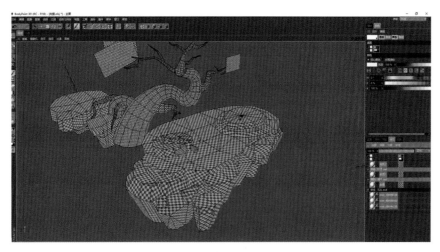

图 7-4

我们对画笔进行调整,精细调节压力和硬度。保存后,新建两个纹理窗口,将参考图放进其中一个纹理窗口中,如图 7-5 所示。

打开 UV 网格显示,找到要绘制的图层。在对象面板中,我们将暂时不需要绘制的对象隐藏起来。单击面板上面的小圆圈,当圆圈为红色时对象就会隐藏起来。(见图 7-6)

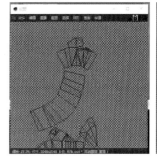

图 7-5　　　　　　　　　　　　　　　　　　　　　图 7-6

我们只留下大石头,对它进行着色。选取一种颜色,然后直接涂抹在相应的位置上,如图 7-7 所示。

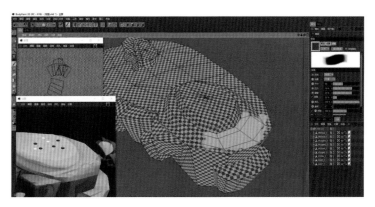

图 7-7

　　将画笔的压力和硬度调大,这样,在绘制时颜色之间会有一个比较明显的边缘。石头的纹理很多变,我们不需要将它过分融合,可留下一些笔触。对照参考图绘制光影,注意颜色的位置。对于不好绘制的地方,我们可以打开映射进行操作。

　　可以关闭线框来查看整体效果,基本上石头的质感已经呈现出来,如图 7-8 所示。

　　棋子的着色方法与石头相似,找到对应的材质球,然后在纹理窗口里着色,直接在窗口里铺上底色。对于黑色的棋子,我们稍微添加一些反光。(见图 7-9)

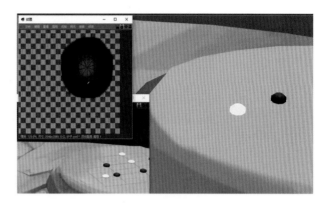

图 7-8　　　　　　　　　　　　　　　　　　图 7-9

　　接着找到后面的两块石头,先将其余的部分隐藏起来,同样吸取或者调整一种颜色,直接涂抹在上面。颜色可以随意涂抹,但要保持色彩的协调性,色调基本上是偏黄,如图 7-10 所示。

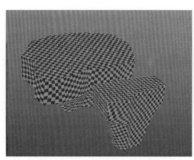

图 7-10

　　看一下框选的叶子,在 UV 面板中找到叶子的位置。我们将叶子的颜色直接涂满整个面片。使用矩形选择工具选择出来,然后放大画笔直接涂满。叶子间的颜色尽可能不同。(见图 7-11)

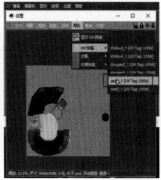
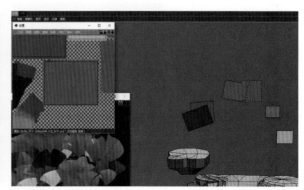

图 7-11

这样,石头和叶子等部分我们就处理好了,如图 7-12 所示。

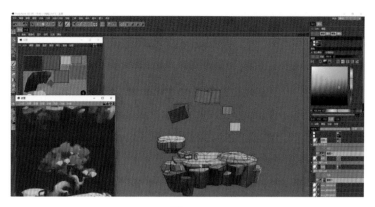

图 7-12

对于树干底色的绘制,同样需先将其他部件隐藏起来,然后找到要绘制的图层,可选择一个视角作为参考,如图 7-13 所示。

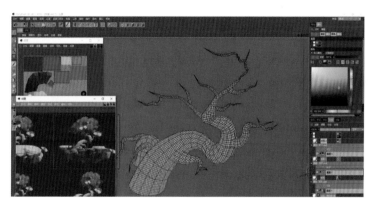

图 7-13

切换窗口到前视图,然后先隐藏小树根,根据参考图确定树干的纹理走向,吸取树根上的颜色涂抹在相应的位置。注意不要用一个颜色涂满,我们要吸取多种颜色来绘制。(见图 7-14)

图 7-14

完成后,打开 UV 线框,若背面没有需上色的地方可以对称复制过去。在 Photoshop 中打开这个贴图,新建一个空白图层在下边,如图 7-15 所示。

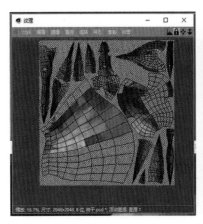

图 7-15

为这个图层填充与树干颜色相近的棕色,然后在已经绘制好的底色上使用多边形套索工具选择要复制的部分。按 Ctrl+J 复制一份,然后将它翻转到对面去。这个步骤也可以直接在 BodyPaint 3D 中在背视图中完成。(见图 7-16)

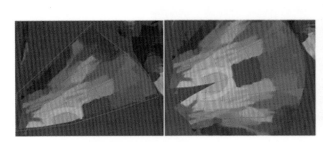

图 7-16

保存这个底色,回到 BodyPaint 3D,重新加载一下材质球,可以看到我们刚刚的操作已经被更新过来。对于交叉的地方,可用橡皮擦擦掉,然后修整各个部分。(见图 7-17)

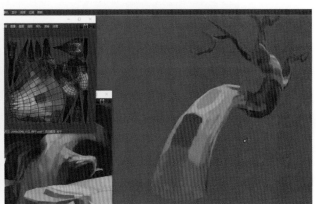

图 7-17

最后,补全树枝部分。这样底色贴图部分就全部绘制完成了,如图 7-18 所示。

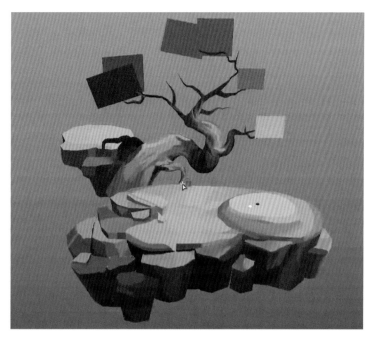

图 7-18

7.2
石头等纹理绘制

首先,对石头部分的贴图进行细致绘制。将其他不需要的部件先隐藏,然后新建一个空白图层,方便之后的修改,如图 7-19 所示。

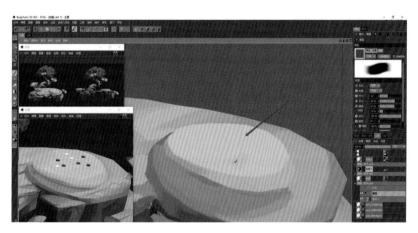

图 7-19

在石头上画出其实际颜色,注意一些区域可能需要画一些青苔,要注意颜色的过渡。在石头的厚度面绘制时,注意一些转折的地方需要画得比较有硬度感,这就需要调高画笔的压力和硬度值。(见图 7-20)

其次,绘制石块大平面位置的裂缝,即使是参考图角度看不到的部分也要刻画一下,如图 7-21 所示。

图 7-20

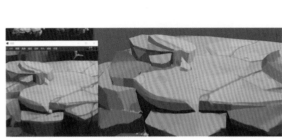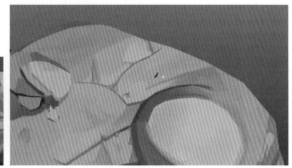

图 7-21

大的纹理部分处理好后，开始绘制细节。首先从棋盘部分开始，新建一个图层，然后吸取一个棋盘线的颜色，在石头上画出棋盘。要注意棋盘的位置和大小，线条不能太弯曲也不能太直，因为在石头上刻画的线条实际上也不会完全直，过于直的话可能会显得不真实。（见图 7-22）

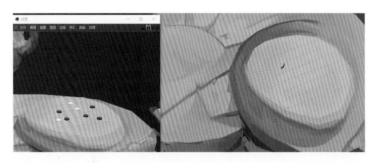

图 7-22

全部画好后，将外面多余的部分用橡皮擦删掉。然后将挨着棋盘线位置的颜色调亮一点，这样棋盘线就绘制完成了，如图 7-23 所示。

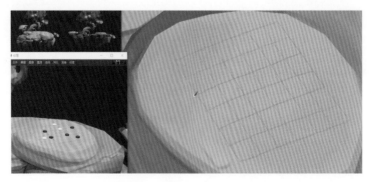

图 7-23

接着处理其他石块，按照同样的方法仔细刻画，注意绘制遮挡部分，如图 7-24 所示。

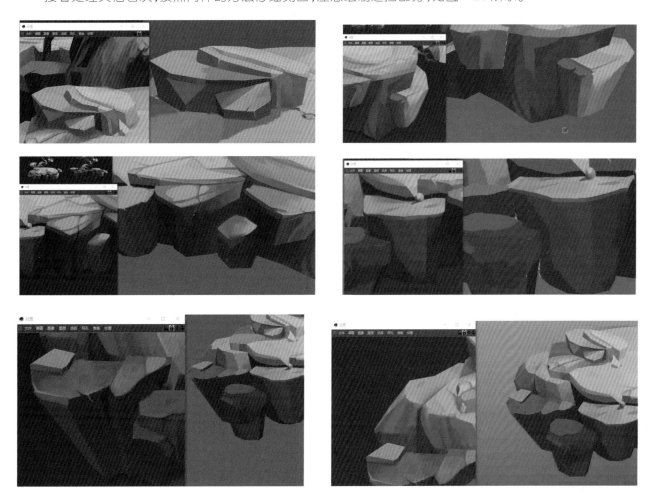

图 7-24

将隐藏的悬空石块图层打开，开始绘制细节。在绘制的时候要注意石块微妙的颜色变化。（见图 7-25）

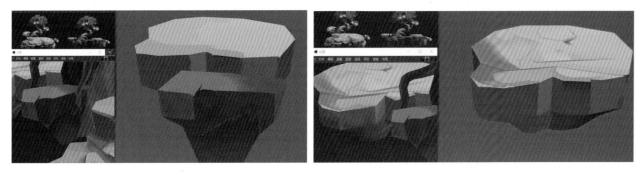

图 7-25

最后，对整体进行细微的调整，石头等纹理绘制就完成了，如图 7-26 所示。

图 7-26

7.3
树干及树叶纹理绘制

　　首先,我们针对树干部分进行纹理绘制。找到相应的视角参考图,调整到一个与参考图相近的角度。接着隐藏不需要的部件,在对应的图层上开始绘制。(见图 7-27)

　　画笔的硬度和压力设置为接近 70% 的数值。吸取参考图的颜色,开始对照绘制。树干的纹理相对复杂,颜色也多变,可以根据自身感觉绘制树干纹理,但应尽量按照树干生长的趋势排布。(见图 7-28)

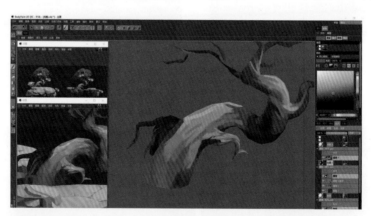

图 7-27

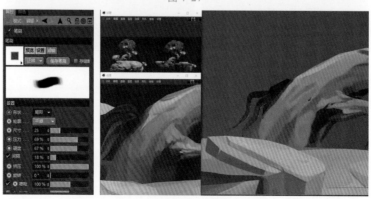

图 7-28

如果发现树根无法绘制,可能是因为它与树干不属于同一材质,我们可以按住 Shift 键激活画笔,这样两种材质的内容就可以同时绘制。接缝的地方可以开启映射来绘制。(见图 7-29)

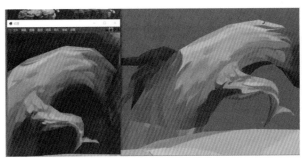 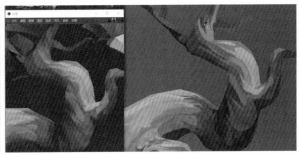

图 7-29

树干最上部会比较暗,因为上面的叶子会挡住一部分光线。(见图 7-30)

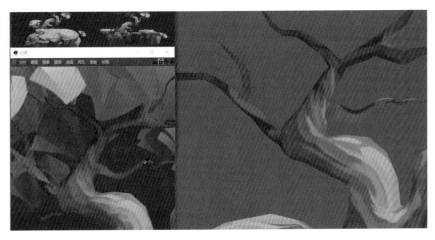

图 7-30

树干被大石头遮挡的部分以及背面也需要完整地补充绘制,树干部分完成效果如图 7-31 所示。

图 7-31

接下来是树叶的绘制。我们使用面片制作树叶,并需要做透明贴图,使其像图片一样。在对应的材质球选择一个图层,单击鼠标右键,在"纹理"中找到最后一项,新建 Alpha 通道,如图 7-32 所示。

在 Alpha 通道图层里,纯黑色表示透明,纯白色表示不透明。利用这一原理,我们可以通过调整颜色的黑白程度来控制透明度。半透明的效果可以应用在一些烟雾或者薄纱上。(见图 7-33)

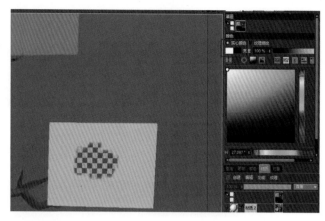

图 7-32   图 7-33

为了确保贴图边缘不出现半透明的情况,我们需要调整画笔。将画笔的压力和硬度取消,设置为 100%硬度,如图 7-34 所示,这样画笔的边缘将变得尖锐,绘制出来的边缘整齐,处理的通道干净。

切换画笔为圆形,切换到前视图,在通道图层上绘制。首先勾勒出树叶的外轮廓,然后擦去外面的部分。在 BodyPaint 3D 中看到的棋盘格代表的就是透明效果。要尽量使这六片叶子看起来各不相同。(见图7-35)

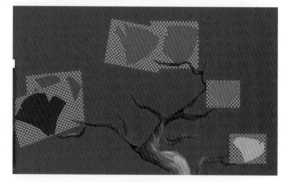

图 7-34   图 7-35

新建一个空白图层,在上面开始绘制叶子的纹理。调整画笔的压力和硬度。(见图 7-36)

图 7-36

续图 7-36

至此,树干和树叶部分的纹理绘制就完成了,如图 7-37 所示。

图 7-37

7.4
贴图处理及透贴准备

下面我们对贴图进行进一步完善。首先我们观察到这个白色的棋子缺乏体积感,可以吸取一个阴影颜色来进行补充,如图 7-38 所示。

还需要补充石头底下没有涂上颜色的地方,如图 7-39 所示。

同样,可以在石头底部补充一些深色以增加厚重感,如图 7-40 所示。

为了避免颜色分界太过明显给人一种边缘锋利的感觉,我们可以对石块的交界线进行模糊处理,如图 7-41 所示。

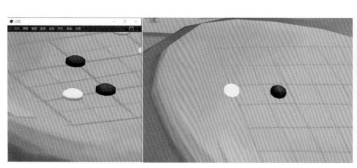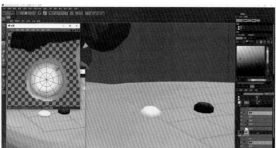

图 7-38

图 7-39

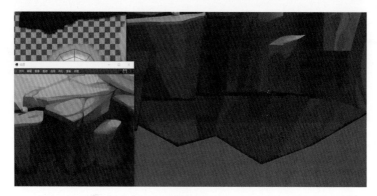

图 7-40

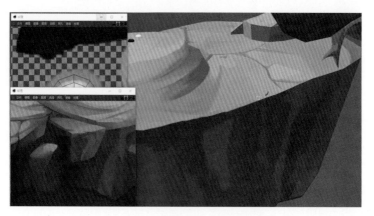

图 7-41

整体调整完成后如图 7-42 所示，记得保存。

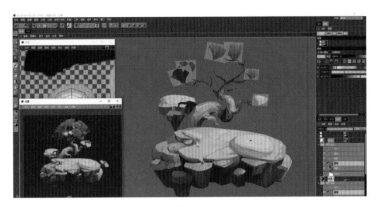

图 7-42

然后，我们打开 Photoshop，找到我们刚才画好的石头、树干、树叶的 PSD 文件进行检查，发现有些纹理未能完全填满。针对这一情况，我们新建一个空白图层放在最下方，再找一个和深颜色石头接近的底色，填满这个图层，如图 7-43 所示。

图 7-43

接下来，我们点开树叶的 Alpha 通道图层，会看到一些红色区域，这些是透明部分。打开 UV 线框，在这个图层中用黑色画笔将边缘部分填实，确保边缘全部都是透明的。（见图 7-44）

图 7-44

对于其他部分，我们同样进行底色填充，如图 7-45 所示。

图 7-45

对于具有 Alpha 通道的树叶贴图文件,我们处理好后需要单独保存为 TGA 格式文件。这样,贴图的透明处理就准备完毕了。

7. 5
树叶的摆放及高渲染图绘制

下面我们将对这个模型进行渲染。首先,我们需要将 3ds Max 配置为高效显示模式。我们可以通过"自定义> 首选项"路径,找到视口设置,选择显示驱动程序并切换到 OpenGL,然后重新启动 3ds Max。(见图 7-46)

图 7-46

重启之后,再次进入"自定义> 首选项> 视口",配置驱动程序,确保图 7-47 所示的这三个选项都已被勾选。

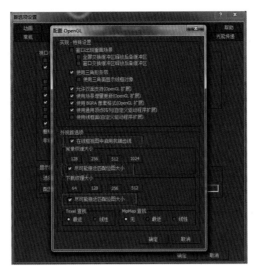

图 7-47

接下来，我们将模型导入 3ds Max。按键盘上方的数字 8 键，打开环境效果设置。调整染色为全黑，环境光设置为全自动。在曝光控制设置中，选择第一个选项"找不到位图代理管理器"，然后关闭设置。（见图 7-48）

图 7-48

按 M 键打开材质编辑器面板，找到我们保存的 PSD 文件，并将其拖曳至材质球上。注意，对于树叶部分的贴图，我们将使用之前保存的 TGA 格式的文件。（见图 7-49）

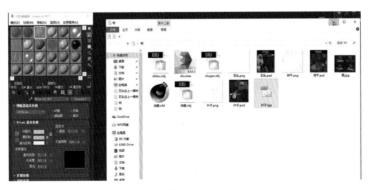

图 7-49

随后，我们选择模型的各部分，并将对应的材质赋予它们。我们首先调整渲染设置，将渲染器改为扫描线渲染器，然后锁定渲染的大小和比例。在渲染器设置中，我们将过滤器从"区域"更改为"Catmull-Rom"。（见图 7-50）

图 7-50

设置好后,我们将材质赋予叶子。在赋予材质前,首先选择漫反射通道,点选小方框,找到并选择单通道输出中的 Alpha 选项。返回上一层,选择双面材质。(见图 7-51)

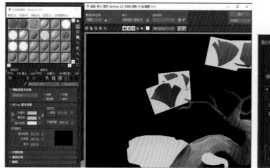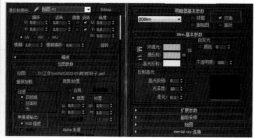

图 7-51

将漫反射通道的设置复制到不透明度通道,选择实例,并将漫反射颜色设置为纯黑色,如图 7-52 所示。

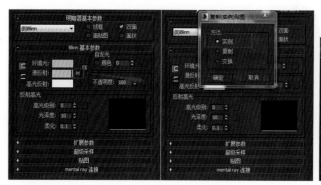

图 7-52

渲染效果如图 7-53 所示。

接着,我们按照参考图来摆放树叶,注意位置、角度和大小要尽量随机,使树叶的生长看起来更自然,如图 7-54 所示。

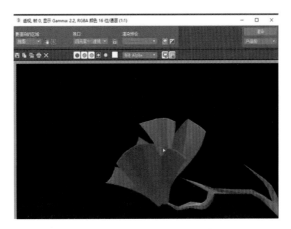

图 7-53

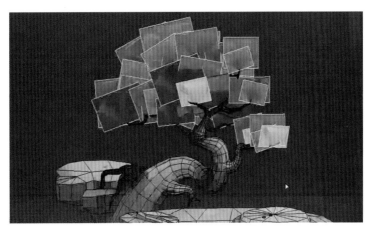

图 7-54

此外还需对棋子进行调整。根据参考图,将棋子放在棋盘上,按住 Shift 键进行复制并摆放到对应位置,如图 7-55 所示。

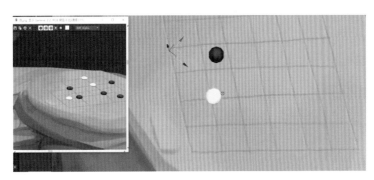

图 7-55

补充画面中的小树枝,如图 7-56 所示。

这时,我们已经完成了所有叶子的摆放,可以开始渲染图片了。选择一个满意的角度,确保模型在安全框内,然后按 Shift+Q 键进行渲染。如果不满意,可以返回模型页面继续调整,直到达到满意的效果。(见图 7-57)

最后,将渲染的图片保存为 PNG 格式。最终效果如图 7-58 所示。

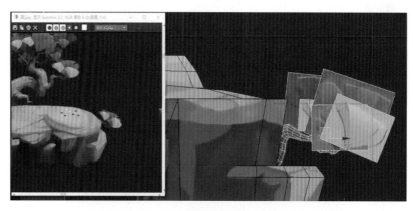

图 7-56

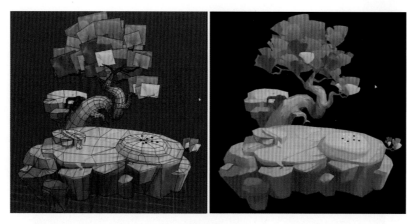

图 7-57

　　至此,崖边古松手绘场景模型制作和渲染过程已经全部完成。希望这个过程能帮助大家学习和理解更多关于手绘建模的知识。

图 7-58